中小学生的网络使用

余霞 编著

ZHONGXIAO XUESHENG
DE WANGLUO SHIYONG

中国出版集团
现代出版社

图书在版编目（CIP）数据

中小学生的网络使用 / 余霞编著. — 北京：现代出版社，2012.3（2025 年 1 月重印）

ISBN 978 - 7 - 5143 - 0521 - 0

Ⅰ. ①中… Ⅱ. ①余… Ⅲ. ①计算机网络 - 青年读物 ②计算机网络 - 少年读物 Ⅳ. ①TP393 - 49

中国版本图书馆 CIP 数据核字（2012）第 022256 号

中小学生的网络使用

编　　著	余　霞
责任编辑	杨学庆
出版发行	现代出版社
地　　址	北京市安定门外安华里 504 号
邮政编码	100011
电　　话	010 - 64267325　010 - 64245264（兼传真）
网　　址	www. 1980xd. com
电子信箱	xiandai@ vip. sina. com
印　　刷	三河市人民印务有限公司
开　　本	710mm × 1000mm　1/16
印　　张	13
版　　次	2012 年 3 月第 1 版　2025 年 1 月第 9 次印刷
书　　号	ISBN 978 - 7 - 5143 - 0521 - 0
定　　价	49. 80 元

善学者师逸而功倍（代序）

有这样一则寓言故事：

每天当太阳升起来的时候，非洲大草原上的动物们就活动起来了。狮子妈妈教育自己的小狮子说："孩子，你必须跑得再快一点，再快一点，你要是跑不过最慢的羚羊，你就会活活地饿死。"在另外一个场地上，羚羊妈妈也在教育自己的孩子说："孩子，你必须跑得再快一点，再快一点，如果你不能比跑得最快的狮子还要快，那你就肯定会被它们吃掉。"

动物如此，人也一样。人的一生需要不断进取，如果你不具有持续学习的意识，不积极主动地去改变自己，那么，你必将会被这个时代所淘汰。

我们正身处信息化时代，这无疑对我们在接受、选择、分析、判断、评价、处理信息的能力方面，提出了更高的要求。今天又是一个知识经济的时代，这又要求我们必须紧跟科技发展前沿，不断推陈出新。你将成为一个什么样的人，最终将取决于你对学习的态度。

美国未来学家阿尔文·托夫勒说过："未来的文盲不是不识字的人，而是没有学会怎样学习的人。"罗马俱乐部在《回答未来的挑战》研究报告中指出，学习有两种类型：一种是维持性学习，它的功能在于获得已有的知识、经验，以提高解决当前已经发生问题的能力；另一种是创新性学习，它的功能在于通过学习提高一个人发现、吸收新信息和提出新问题的能力，以处理未来社会日新月异的变化。

要在现代社会竞争中取胜，仅仅抓住眼下时机，适应当前的社会是远远不够的，还必须把握未来发展的时机。因此，发现和创造新知识的能力是引导现代社会发展的关键。为了实现自我目标，我们必须从“学习”走向“学会”，即培养创新性学习能力。

学会怎样学习，比学习什么更重要。学会学习是未来最具价值的能力。“学会学习”，更多的是从学习方法的意义上说的，即有一个“善学”与“不善学”的问题。“不善学，虽勤而功半”；“善学者，师逸而功倍”。善于学习、学习得法与不善于学习、学习不得法会导致两种不同的学习效果。所以，掌握正确的学习方法显得更为重要。

学习的方法林林总总，不胜枚举，本丛书从不同角度对它们进行了阐述。这些方法既有对学习态度上的要求，又有对学习重点的掌握；既有对学习内容的把握，又有对学习习惯的培养；既有对学习时间的安排，又有对学习进度的控制；既有对学习环节的掌控，又有对学习能力的培养等等。本丛书理论结合实际，内容颇具有说服力，方法易学易行，非常适合广大在校学生学习。

掌握了正确的方法，如同登上了学习快车，在学习中就可以融会贯通、举一反三，从而大幅度提高学习效率，在各学科的学习中取得明显的进步。

热切期望广大青少年朋友阅读本丛书后，学习成绩、学习能力都有所提高。

本丛书编委会

前　言

21世纪什么最贵？人才！21世纪什么备受关爱？孩子！孩子是父母的希望，是祖国的未来，将孩子培养成有用之才，是天下父母的美好心愿。

21世纪什么最快？网络！随着互联网进入千家万户，一个个绚烂、新奇、梦幻、多彩的世界吸引着孩子们渴求的目光。互联网在为孩子们呈现缤纷世界的同时，也深深牵动着无数父母和老师的心。互联网以其方便、快捷、包罗万象而广受青睐，同时亦因其信息庞杂而难以取舍，甚至在网络上不时闪现的灰色信息、不良网站与游戏等等使部分孩子沉溺网络而荒废学业，这些现象无不令人揪心。因此，引导中小学生如何正确使用网络，即如何利用网络进行正确的学习与娱乐，培养广大中小学生利用网络学习的良好习惯与方式，为他们在成才的道路上添砖加瓦，使之成为祖国的栋梁之才，是天下父母和老师共同关注的话题，也是整个社会的责任。

本书以清新、自然、活泼、有趣的语言风格，图文并茂地简要介绍了什么是网络以及怎样上网、如何使用网络等基本知识，在系统介绍网络基础知识的同时，着重介绍了如何利用搜索引擎进行资料的收集与处理；如何利用网络学校、数字图书馆和相关学习软件进行学习；如何进行健康有益的娱乐；如何维护网络安全等具体方法，此外还对父母与教师如何正确引导学生进行上网提供了可资借鉴且行之有效的方法与参考。

本书期望通过大量翔实的实例对中小学生上网进行悉心的指导与正确的引导，旨在对他们及家长与老师提供正确的上网方式方法和辅导措施。为祖国下一代的健康成长、成才尽一份爱心与应有之力。

编　者

目 录

****

第一章　网影随行——开启网络之门

在当今社会，互联网已是人们耳熟能详的佳话。随着稀奇古怪的词语不断摩擦我们的耳膜，不甘落伍的你知道哪些时髦的新词儿？如果你还在纳闷，猫怎么会上网，网上怎么冲浪，什么是人们常说的狗狗，或者你还不清楚，什么是 BBS，什么又是 FTP，上了网又该上哪去找自己想要看的东西，那就别发愣了，整装待发，和我一道去逛网吧！

一、初识 Internet

当今时代，随着信息技术的飞越发展，Internet 已经成为人们日常生活中必不可少的重要组成部分，无论你是在工作还是学习，无论你聊天会友还是休闲娱乐，甚至上至天文下至地理，都离不开 Internet 为你指点迷津。只要你有求知，善思考，只需在 Internet 上轻轻一点，便会为你开启知识的大门，使你豁然开朗。也许你会问，Internet 怎么会有如此神奇的作用呢？那么让我们从认识 Internet 的本来面目开始吧！揭开她神迷的面纱，看看她到底神奇在什么地方？来吧，亲爱的朋友们，让我们开始一段神奇之旅吧！

1. 什么是 Internet？

有人说，上网是21世纪信息时代最“酷”的事。所谓上网就是进入 Internet，Internet 又称“国际互联网”，是一种将各种信息资源集合在一起的全球性电脑网络。对于面临信息时代的每一个中小学生朋友来说，都应当知道互联网络究竟是什么。下面就让我们揭开 Internet 神秘的面纱，看看 Internet 到底是什么？

可以这样来理解，Internet 就是全世界最大的图书馆，它为我们提供了巨大的，并且还是在不断增长的信息、资源和服务工具宝库。大家可以利用 Internet 提供的各种工具获取网络提供的巨大信息资源。任何地方的任意一个 Internet 用户，都可以从网络中获得很多信息，包括自然、社会、政治、历史、科技、教育、卫生、娱乐、金融、商业和天气预报等等各个方面。下面我们就来共同感受 Internet 的无限魅力吧！

小知识

20 世纪 50 年代处初，Internet 在美国诞生，这是它的雏形。20 世纪 80 年代中期，ARPANET 的成功建立，使 Internet 初具规模。如今 Internet 已深入人们的工作、学习和生活的各个方面，已成为人们日常生活的组成部分。

2. Internet 可以帮我们做什么？

其实，随着 Internet 不断地发展，提供的服务也在不断地增加，应用领域也在不断地扩大，这里咱们就说一说中小学生朋友可以在 Internet 上做些什么。

（1）万维网冲浪（www）

万维网（World Wide Web）也就是我们常说的 www，凝聚了 Internet 的精华，展示了 Internet 最绚丽的一面，上面载有各种交互性极强、精美丰富的信息。你只需鼠标点击一下相关的单词、图片或图标，就可以迅速地从一个网页跳到另一个网页。现在，每天都有新的网站出现，大量网页每时每刻都在更新。借助强大的浏览器软件，中小学生朋友可以在万维网中进行各种丰富多彩的 Internet 活动，看看如图 1－1 所示的搜狐网站，上面的信息是很多的。

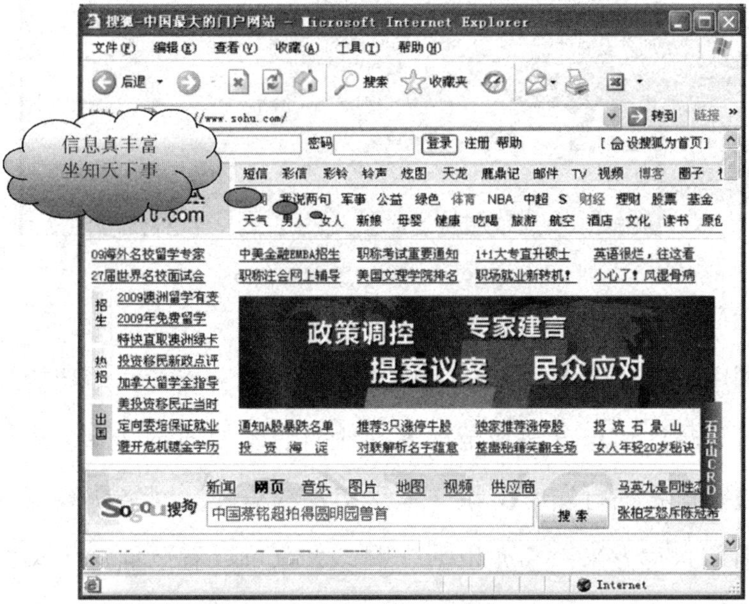

图 1－1　搜狐网站主页界面

（2）收发邮件

只要连接到 Internet，只需几秒到几分钟，电子信件就可以送往分布在世界各地的电子邮箱。那些拥有电子邮箱的朋友可以随时看到写给自己的信件。还能以附件的形式发送文件图片、声音等资料，以后我们会逐步教大家如何发送电子邮件的，先目睹一下电子邮件软件的风采吧！如图 1 – 2 所示的 www. sohu. com 中的免费邮箱界面。

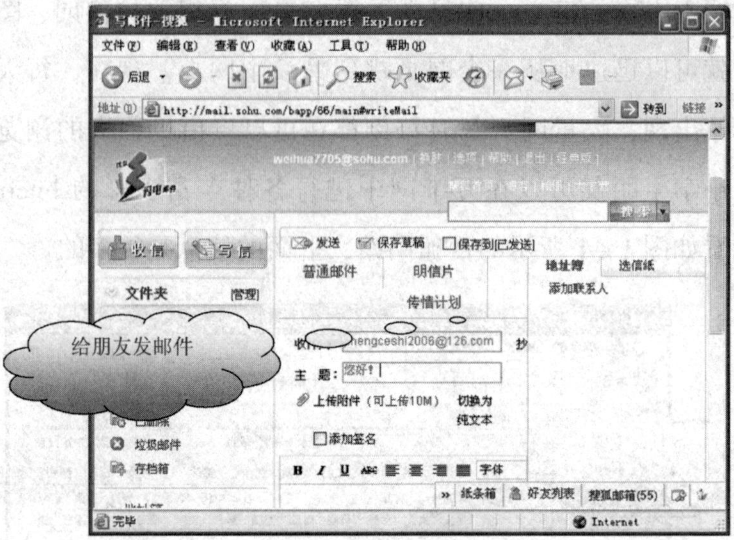

图 1 – 2　搜狐免费邮箱界面

(3) 上网聊天

利用 Internet，你可以进入聊天室服务器，或者使用功能强大的即时聊天软件，与全国乃至世界各地的朋友们通过文字、声音，甚至是视频形式进行实时交谈，享受交友的乐趣。网络交流也可以做到“有朋自远方来，不亦乐乎”啊。大家可以看下面这个桌面上的聊天软件，比如 QQ、MSN，还有 POPO，看看哪一款软件你比较熟悉。如图 1 – 3 所示。

(4) 在线游戏

在网上，大家还可以与一位远隔重洋的高手切磋棋艺，与分布

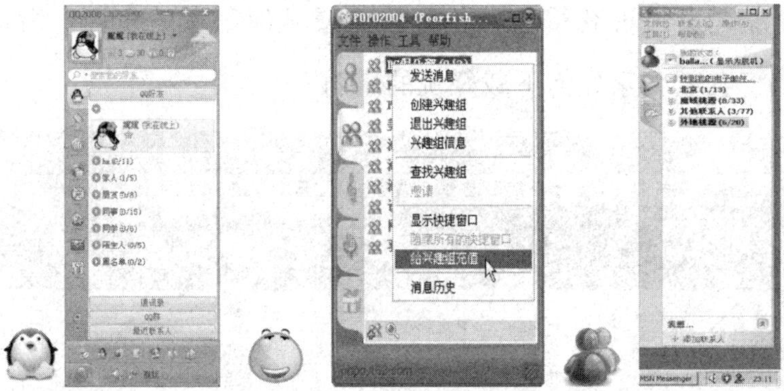

图1-3　QQ、POPO、MSN主界面

在世界各个角落的人一起玩丰富多彩的多人游戏，比如图1-4所示的浩方电子对战平台主页，就是全国网络用户竞技游戏高手云集的地方。

图1-4　浩方电子对战平台主页

（5）文件传输

Internet上有大量好玩的软件和让你感兴趣的文件，你可以利用方便的文件传输软件（如图1-5所示的“迅雷5”软件），登录到别人的电脑上，下载所需的软件和文件。通过Internet，几乎可以让你不出家门，便可获得各种免费软件或其他好玩的东西。后面的章节我们将会教大家如何下载好玩的东西。

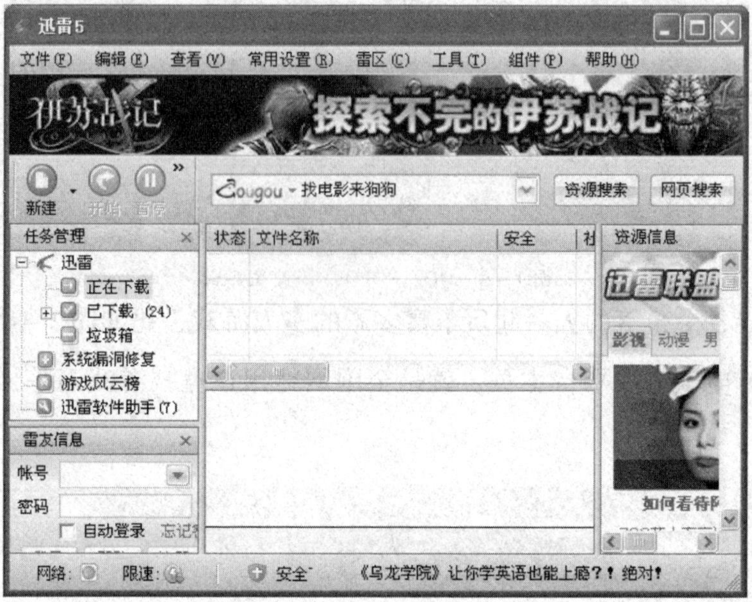

图1－5 “迅雷5”软件窗口

二、常用的上网方式

了解了Internet那么多的用处，大家是不是早就手痒痒了？Internet的确是一个内容丰富的畅游之处，要想融入其中，应先将你的电脑连入Internet。

Internet的接入方式有很多种，如今比较流行的有ADSL、小区宽带和手机上网等，用户可以根据自身情况选择自己喜欢的上网方式。

1. 电话拨号上网

电话拨号上网是前几年相当普及的一种上网方式，具有安装和配置简单、投入成本低的优点。只要计算机上装有调制解调器（Modem），也就是咱们常听人说的“猫”。呵呵，可这是不能抓老鼠的那种哦，它之所以也叫“猫”，只是因为与英文（Modem）发音比较像。将电话线插在调制解调器的“Line”接口上，便能拨号连接Internet，享受上网的乐趣了。如图1－6所示是调制解调器。

图1－6 调制解调器

但是，电话拨号上网的速度较慢，且上网时电话不能使用，因此，电话拨号上网只适合于上网时间较少的个人用户。

> 小知识
>
> 调制解调器（Modem）俗称“猫”，通常分为内置和外置两种。内置Modem的形状与显卡、声卡相似，插在机箱内主板PCI插槽上，通过系统总线同计算机连接；外置Modem置于机箱外面，通过电缆将其与计算机主机中的主板接口连接在一起。

2. ADSL拨号上网

近年来随着Internet的迅猛发展，普通Modem拨号的上网速度以及ISDN的上网速度，已远远不能满足人们获取大容量信息的需求，用户对接入速度的要求越来越高。如今一种名叫ADSL的技术已投入实际使用，使用户享受到了高速冲浪的欢乐。

那么，ADSL 技术是什么呢？

ADSL（Asymmetrical Digital Subscriber Loop，非对称数字用户环路）被西方发达国家誉为“现代信息高速公路上的快车”，是我国目前应用最为广泛的一种上网方式。

小知识 ADSL 宽带接入技术具有上网打电话互不甘扰，传输速度高、频带宽、独享带宽安全可靠、安装快捷方便和价格实惠等优点。外置 Modem 置于机箱外面，通过电缆将其与计算机主机中的主板接口连接在一起。

3. 小区宽带上网

小区宽带上网是目前大中城市比较普及的一种宽带接入方式，而小区则是通过铺设在楼层间的网线将宽带网络接入到用户家中。这种接入方式不再需要 Modem，用户只需一台安装有 10/100M 网卡的电脑即可。目前国内有多家公司提供这种宽带接入方式，如移动、网通、电信、长城宽带和联通等。小区用户可向小区申请宽带接入服务。小区宽带上网的初装费用也比较低，而且不需要用户设置应用软件，直接插上网线就可以上网了。

4. 手机上网

要了解手机上网，就必须知道什么是 WAP。WAP（Wireless Application Protocal，无线上网协议），是一个全球性的开放协议，是实现移动电话与互联网结合的应用协议标准。WAP 将移动网络、Internet 及公司的局域网（LAN）紧密地联系起来，通过这种技术，无论你在何时、何地，只要打开 WAP 手机，就能得到你所需要的信息，享受无穷无尽的网上资源，是不是很方便呢？

三、ADSL 上网实战

ADSL 上网是目前最流行的上网方式，下面就来看看 ADSL 方式上网的基本流程和具体实现办法，赶快动手吧。

1. 申请 ADSL 业务

使用 ADSL 上网，需要开通 ADSL 上网服务业务。要你们的爸爸妈妈携带电话机机主身份证，直接去当地电信部门去询问，得到一个上网账号后才能够上网。

为你支招　除了到电信局申请 ADSL 业务外，还可以到中国网通、中国铁通、中国长城宽带等申请 ADSL。

2. 如何安装网卡

第一步：由于 10M 网卡速度太慢，而 100M 网卡价格又较高，所以目前市场上的主流网卡还是 10M/100M 自适应网卡和 100M 网卡。建议购买 TP－Link 和 D－Link 的网卡。如图 1－7 所示。

第二步：这种网卡是主板自带的，将网线的水晶头插入主板相应的网卡接口里，就可直接使用了。驱动盘中相应的一个适合自己需要的网卡。一般在主板上左上侧有 2～4 个 PCI 插槽，将网卡的金手指插入主板的任意一个 PCI 插槽中即可使用。如图 1－8所示。

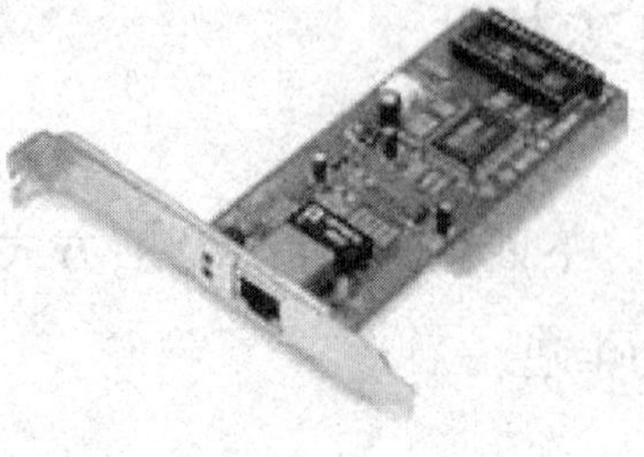

图 1－7　网卡

图 1－8　集成网卡

3. 连接 ADSL Modem

网卡安装完毕后，还需要连接 ADSL Modem。对于 ADSL，大多数用户都会觉得挺神秘的，第一次使用基本上都是电信局派人来上门安装，要是以后由于各种原因需要用户自己安装时怎么办呢？其实 ADSL 的安装并不复杂，下面就来讲一讲怎么完成整个安装过程。

我们现在假设你已经备齐了以下这些东西：

一个 ADSL 调制解调器；一个信号分离器（又叫滤波器）；另外，还有两根两端做好 RJ11 头的电话线，一根两端做好 RJ45 头的五类双绞网络线。

准备好了吗？

下面我们就动手吧！连接 ADSL Modem 的具体步骤如下：

第一步：将电话线插接到 ADSL 分离器上标有“Line”字样的接口上。

第二步：将其中一根电话线的一端插接到分离器上标有“Phone”字样的接口上，另一端则连接电话机。

第三步：将另一根电话线的一端插接到分离器上标有“Modem”字样的接口上，另一端则插接到 ADSL Modem 上标有“Phone”字样的接口上。

第四步：将网线的一端插接到 ADSL Modem 上标有“Enet”字样的接口上，另一端则插接到网卡接口上。

第五步：将购买的 ADSL Modem 时附带的电源插接到 ADSL Modem 的电源插孔中，整个连接过程便完成了。

为你支招　电源接通后，如果 ADSL Modem 和网卡上的指示灯都亮，则表示连接正常，否则就有问题，需要进行故障排查。

4. 创建拨号连接

一切就绪啦！可以上网冲浪啦！别急，还要在电脑上创建一个新的拨号连接即可。下面就以 Windows XP 系统为例，建立 ADSL 拨号上网连接的具体操作步骤如下：

第一步：打开“网络连接”窗口。用鼠标右键单击桌面上的“网上邻居”图标，在弹出的快捷菜单中选择“属性”命令，打开“网络连接”窗口，如图 1－9 所示。

第二步：创建新连接。在窗口左侧的“网络任务”栏中单击“创建一个新连接”，弹出“新建连接向导”对话框，如图 1－10 所示。

图1-9 “网络连接”窗口

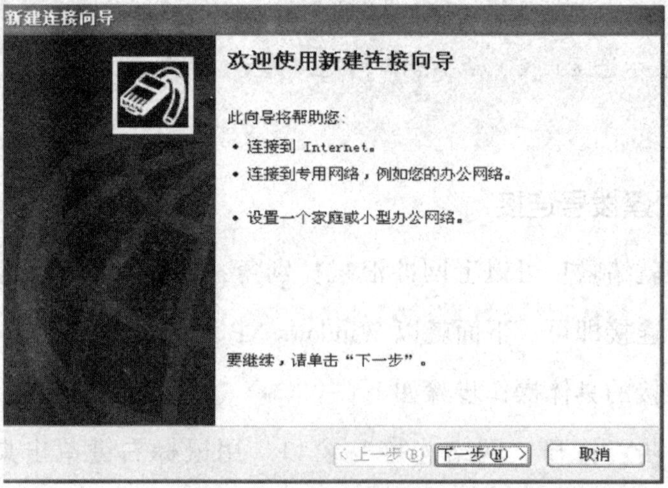

图1-10 新建连接向导1

第三步：单击“下一步”按钮，在弹出的向导对话框中选择“连接到Internet”选项，如图1-11所示。

第四步：单击“下一步”按钮，在弹出的向导对话框中选择“手动设置我的连接”选项，如图1-12所示。

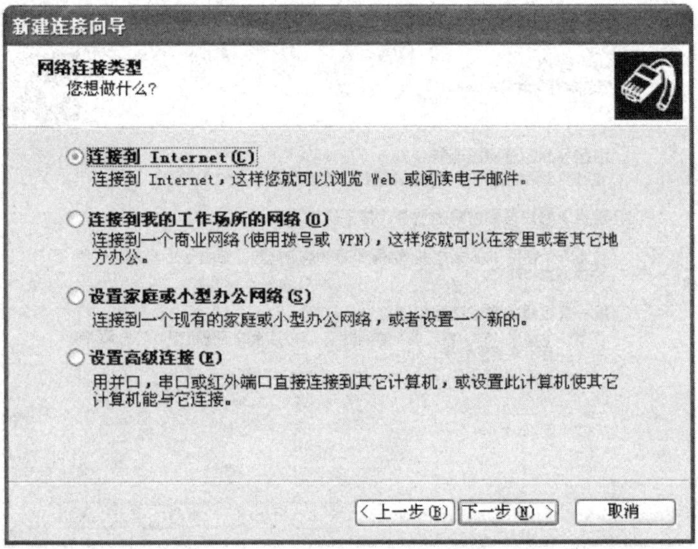

图 1－11　新建连接向导 2

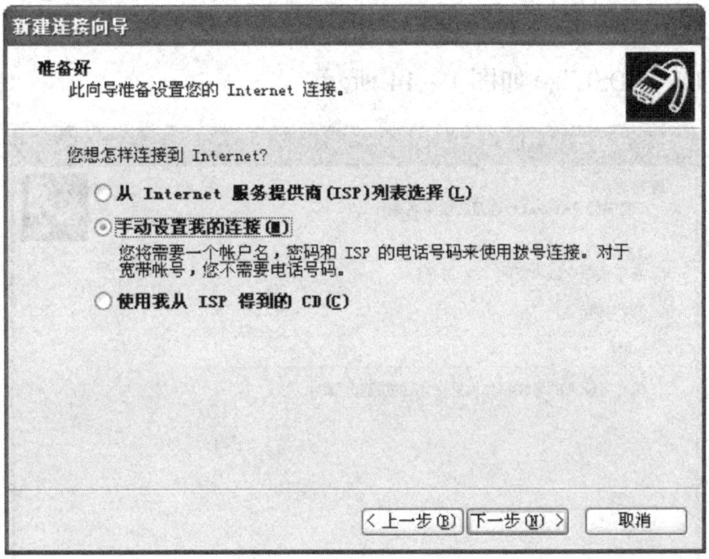

图 1－12　新建连接向导 3

第五步：单击“下一步”按钮，在弹出的向导对话框中选择“用要求用户名和密码的宽带连接来连接”单选项，如图 1－13 所示。

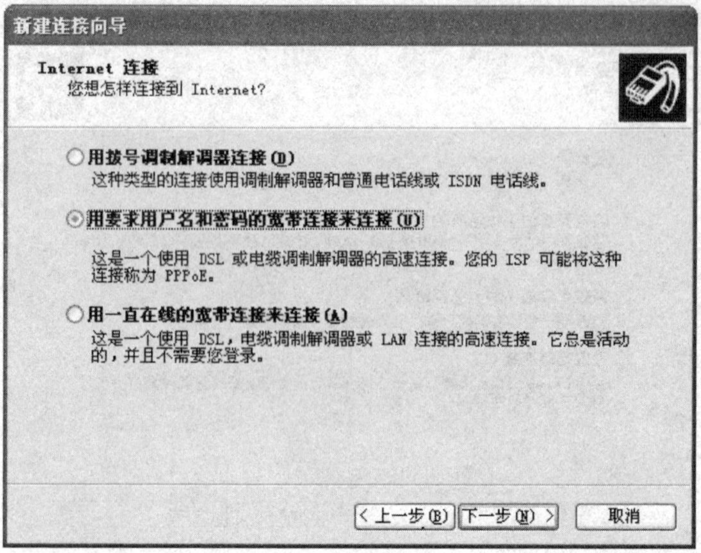

图 1 – 13　新建连接向导 4

第六步：单击“下一步”按钮，在“ISP 名称”文本框中填写内容，如“ADSL”，如图 1 – 14 所示。

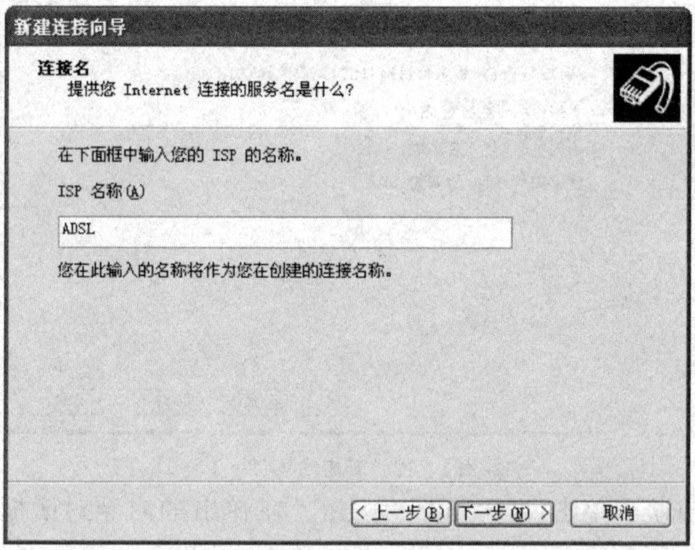

图 1 – 14　新建连接向导 5

第七步：单击“下一步”按钮，在“用户名”“密码”和“确认密码”文本框内输入相应的内容，如图 1－15 所示。

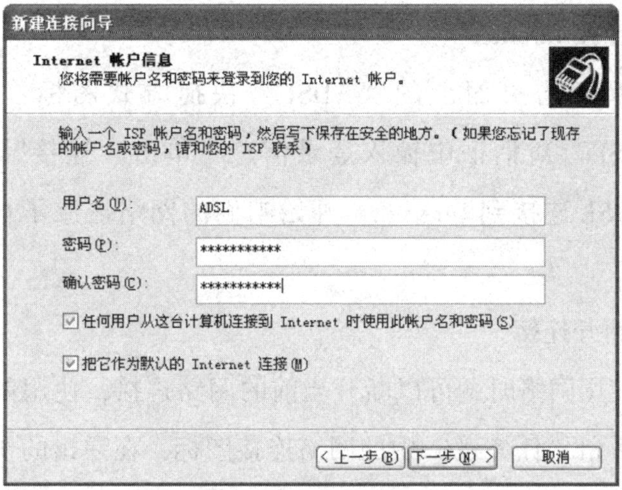

图 1－15　新建连接向导 6

第八步：完成操作。单击“下一步”按钮，在弹出的向导对话框中选择“完成”即可，如图 1－16 所示。

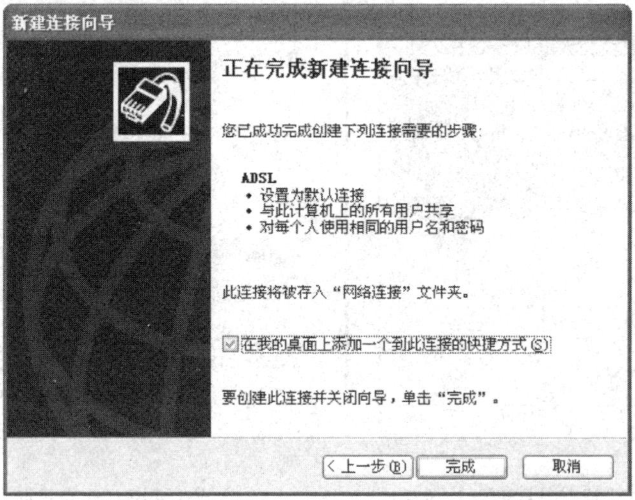

图 1－16　完成新建连接向导

5. 实现上网

好，终于可以上网了！从连接 Internet 开始吧！

（1）连接 Internet

用鼠标双击桌面上的“ADSL”快捷方式图标，在打开的“连接 ADSL”对话框中输入登录信息，单击“连接”按钮，即可通过 ADSL 连接到 Internet，开始咱们的网络之旅了！如图 1－17 所示。

（2）断开连接

在不使用网络时，可以断开当前的网路连接，使用鼠标右键单击桌面右下角“任务栏”中的网络连接图标，在弹出的快捷菜单中选择“禁用”命令，网路连接便会断开，如图 1－18 所示。

图 1－17 “连接 ADSL”对话框

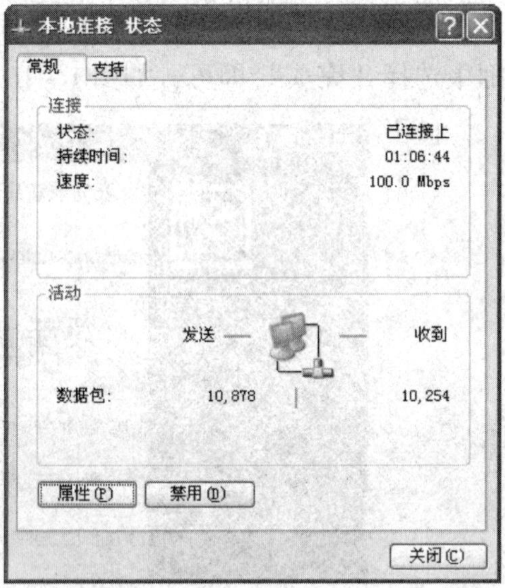

图 1－18 断开连接

小知识

简单来说，TCP/IP 协议就是 Internet 上两台计算机之间通话的共同语言。IP 地址就相当于 Internet 上每台计算机的身份证一样，对每台计算机来说是唯一的标志，如 202. 114. 20. 132。不过让我们去记忆每个网站的 IP 地址，可是件非常麻烦的事情哦！

后来人们想出一个办法，就是用英文的名字来代表每个主机，如 www. sina. com. cn 就是新浪网主机的名字，称为域名。那么如何把这些名字和每台主机的 IP 地址一一对应呢？这部分工作就是由 DNS（Domain Name System），也就是域名解析系统来完成的，不用我们费脑子去记那么多 IP 地址了！

四、上网从 IE 开始

好了，现在咱们面前摆放的就是一台可以上网冲浪的电脑了！但是，你会发现，咱们连上网以后，计算机好像没有什么特别的变化。那前面那些漂亮的网页是怎么出来的呢？我们怎么浏览不同的网站呢？不要着急，我们下面就介绍如何用 IE 浏览器来浏览网页。

1. 认识 IE 的操作界面

如果你要浏览一个网页，就一定需要一个浏览软件。其实，浏览器软件有很多种，不过最常用的还是 Windows 操作系统自带的 Internet Explorer，简称为 IE。因为这个浏览器捆绑在 Windows 操作系统中，所以只要你安装了 Windows 系列的操作系统，就等于安装了该浏览器，使用起来非常的方便。我们现在就以 IE6. 0 在 Windows

XP 为例，来简单介绍一下它的使用技巧。

（1）启动 IE 浏览器

❖最简单常用的一种方法，用鼠标双击桌面上的浏览器图标即可。

❖单击屏幕左下角快速启动栏里的图标。

❖选择“开始”→“Internet Explore”命令启动。

（2）IE 浏览器的界面组成

让我们来看看都由哪些部分组成呢？IE 浏览器主要由标题栏、菜单栏、工具栏等部分组成，如图 1－19 所示。

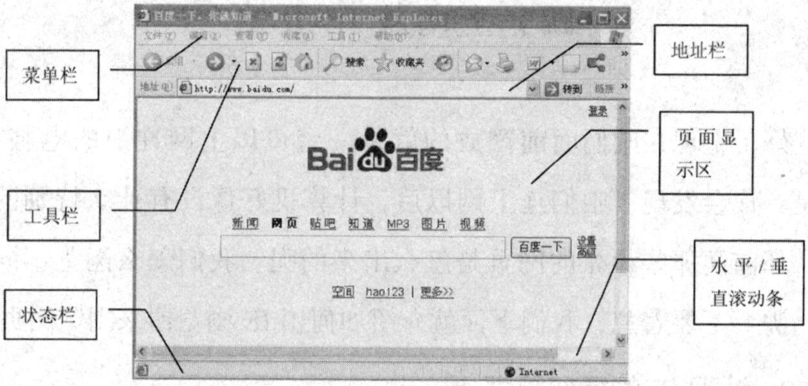

图 1－19　IE 浏览器窗口

❖菜单栏：提供所有上网的设置或操作命令。

❖工具栏：这些工具按钮提供了浏览网页时常用的功能。

❖状态栏：位于窗口底部，状态栏会适时地显示当前网页的状态。

❖地址栏：通过输入网页的网址来打开 WWW 网站。

❖页面显示区：即我们看到的窗口主体部分，显示打开网页的信息。

❖水平、垂直滚动条：拖动滚动条可以将被遮盖的页面显示出来，方便浏览整个页面信息。

2. 浏览网页

通过 IE 浏览器，我们就可以在 WWW 畅游无阻啦，那么怎么打开网页呢？别急，有以下几种方法可以打开网页。

(1) 通过地址栏打开网页

这是打开网页最普通的一种方法。若初次打开某个网站，应在 IE 浏览器的地址栏中输入该网站的网址；若打开曾经访问过的网站则可以在地址栏的下拉列表框中选择要浏览的网页。例如在打开的 IE 浏览器的地址栏中输入“http：//www. sohu. com/”，按下回车键，则可打开搜狐首页。如图 1－20 所示。

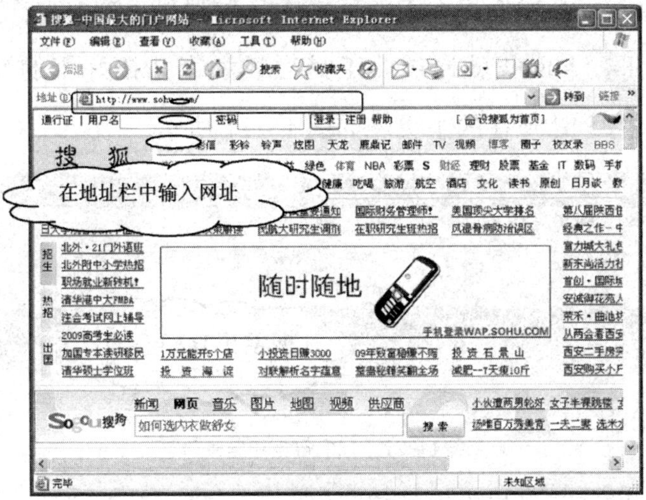

图 1－20 搜狐界面

（2）通过超链接打开网页

我们如何从一打开时显示的主页转到网上其他页面上去呢？其实，你只要用手在浏览器窗口中轻轻移动鼠标，当鼠标箭头变成手形时单击鼠标，你就可以跳转到小手所指的内容链接的网页。在网页上轻点鼠标就能把丰富多彩的世界展现在眼前，而把引领我们在这个美丽世界中穿梭的就是“超链接”。单击不同的超链接，可以浏览不同的网页。

为你支招 连上某网页之后，浏览器的页面显示区就会出现指定的网页内容，如果画面上显示“无法显示网页”之类的错误信息，可能是你的网址打错了，或者是在网络上目前找不到那台计算机，你可以稍后再试试。在后面我们会介绍到很多网站的网址，大家只需要按照上面所说，在地址栏输入网址并回车，就 OK 了！

（3）利用搜索工具栏浏览网页

还记得在 IE 操作界面中的搜索工具栏吧！下面有几个非常好用的工具按钮。下面我就通过此工具栏教大家几招好用的浏览技巧，以及如何换掉 IE 现在的主页。如图 1－21 所示。

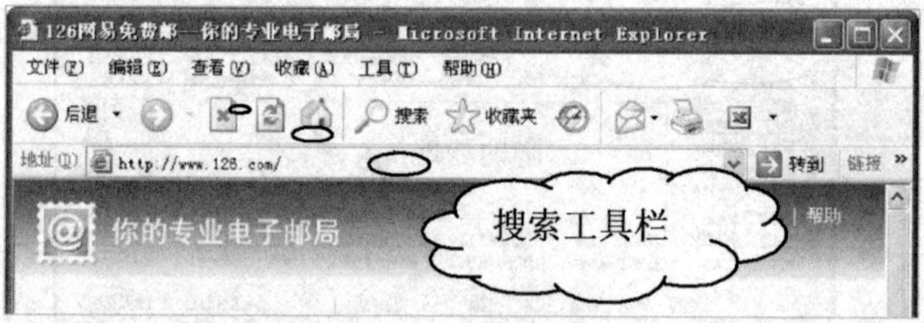

图 1－21　126 免费邮箱主页

❖后退按钮与前进页按钮

标准工具栏上的前进、后退按钮，可以让你灵活在浏览过的网页之间快速的前进后退。

❖停止与刷新按钮

在连接某个网站的时候、如果正好遇上上网高峰，很可能浏览器过了半天也没有多大动静，什么内容都看不到，这个时候，你可以点击停止按钮来暂停资料的传输，免得浪费太多的时间。

另外，当你登录一些类似论坛的网站时，网站的内容是实时更新的，这就需要经常重新刷新网页，我们可以按按钮，来随时取得最新的页面信息。如果有时候下载一个页面，传输结果不好（比如只出来了半张图片），也可以点这个按钮，将网页重传一次。

❖自定义 IE 主页

无论何时，只要你按下按钮，IE 都会回到起始页面，也就是 IE 刚刚启动时显示的页面。当然，这个起始页面是可以由我们来自己设置的。比如你想把起始页面设置为搜狐网站，其方法如下：

第一步：选择单栏中的“工具”→“Internet 选项”命令。如图 1－22 所示。

第二步：弹出“Internet 选项”对话框，在“主页”选项组中的“地址”文本框中输入搜狐网站的地址即可。如图 1－23 所示。

单击“确定”按钮完成主页设置。

下次你再运行 IE 或者按下按钮时，就会直接看到搜狐网站主页了。

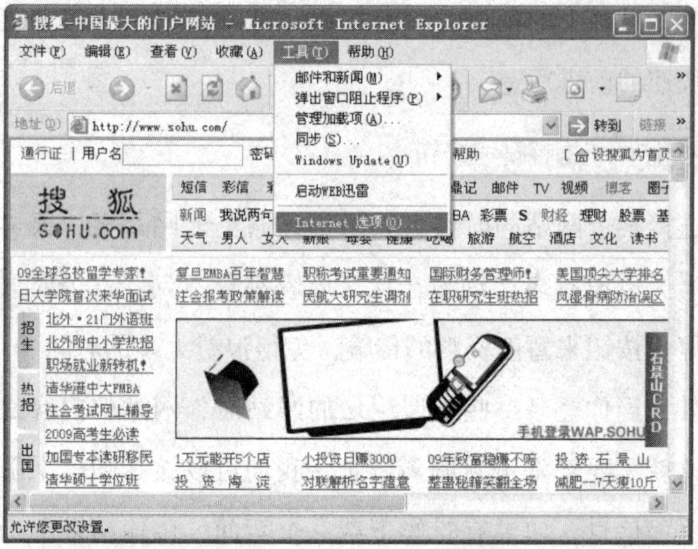

图 1－22　选择“Internet”选项

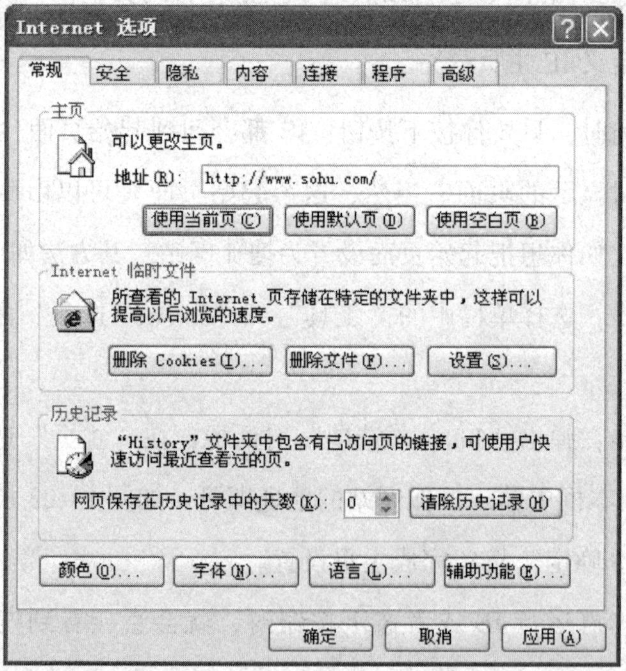

图 1－23　“Internet 选项”对话框

3. 使用浏览器的历史记录

在互联网上逛了一段时间以后，你一定也发现了很多让你乐不思蜀的网站，却又因为 IE 前进后退的功能不能延续到下次启动 IE 而苦恼。别担心，IE 专门设置了历史记录工具栏来解决这个问题。

所谓历史记录记具栏，说穿了就是一个放置最近 20 天内你所浏览过网页的历史文件夹，其特别之处并不只因为它保存你最近查阅过的网页捷径，主要还因为它提供的查看和搜索功能，让你能很快地回到最近曾去过的网站。

(1) 打开历史工具栏

按下工具栏上的按钮，就可打开历史记录工具栏了！如图 1－24 所示。

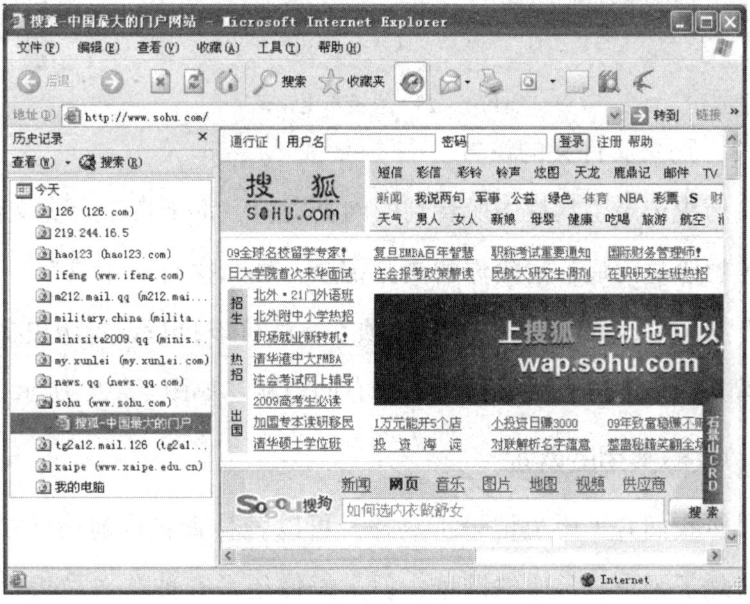

图 1－24　搜狐主页

在“历史记录”栏中单击要浏览的网页名称，即可快速打开相应的网页。如果“历史记录”栏中显示的站点太多，可通过单击“查看”按钮，在弹出的快捷菜单中，选择不同的排列方式进行查看。如图 1－25 所示。

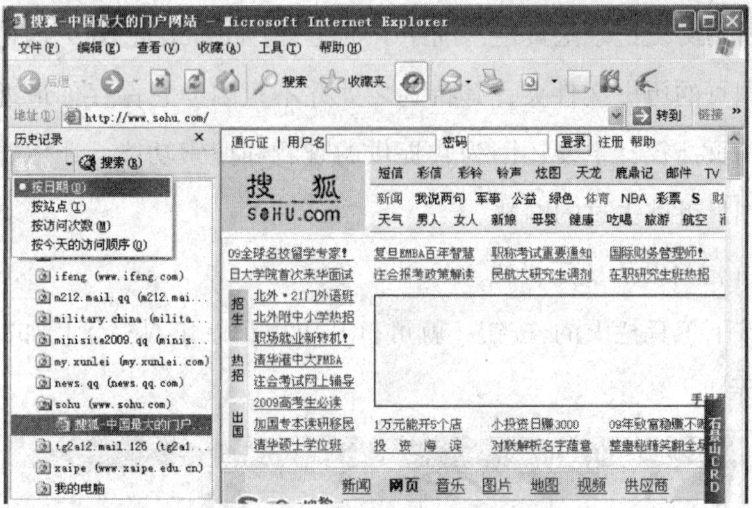

图 1－25　查看历史记录

（2）历史文件夹的设置

在历史记录工具栏中所看到的网页资料，都来自于历史文件夹。如果你想雁过无痕，清除你的浏览记录，那么执行“工具”→“Internet”命令，切换至“常规”选项卡，就可以自行设置历史文件夹要保留几天内的资料，或是清除所有的资料。如图 1－26 所示。

4. **收藏实用的网址**

虽然我们有了历史记录工具栏，可以轻易查看以前访问过的网站，避免了记录一长串的网址，但是好像还是有种在“垃圾堆”里找东西的感觉！毕竟访问过的网址按日期堆放在一起，好像一点规

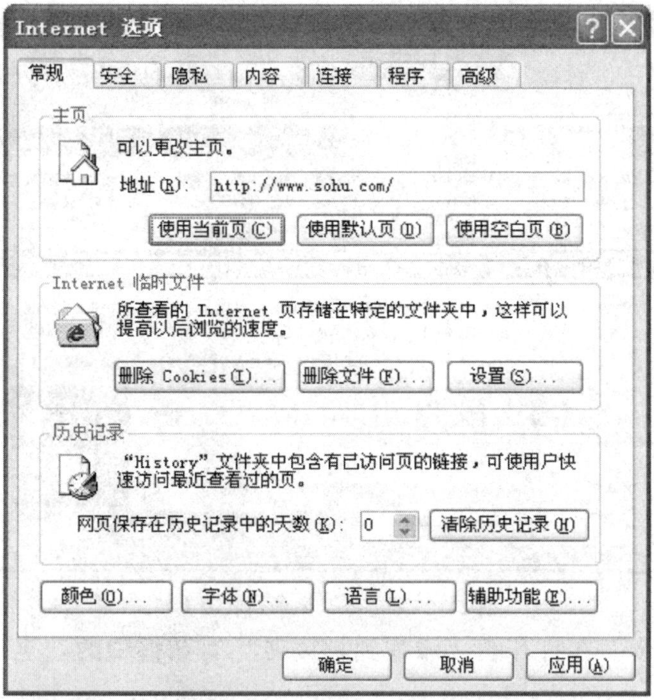

图 1－26　"Internet 选项" 对话框

律都没有啊，而且其中有些很好的网站也混在其中，老是到垃圾堆里找宝贝，谁愿意啊？IE 使用起来是不是不太方便啊？怎么办呢？

其实不难，IE 提供了一项便利的工具——"收藏夹"，让你可以将所有喜爱的网站通通加入其中，既免去每次都要输入网址的麻烦，也可以快速打开需要浏览的网页。收藏网址的具体操作步骤如下。

第一步：启动 IE 浏览器，在 IE 地址栏中输入需要收藏的网页地址，如 http：//www. ifeng. com/并进入该网页。

第二步：在网页窗口中选择"收藏"→"添加到收藏夹"命令。如图 1－27 所示。

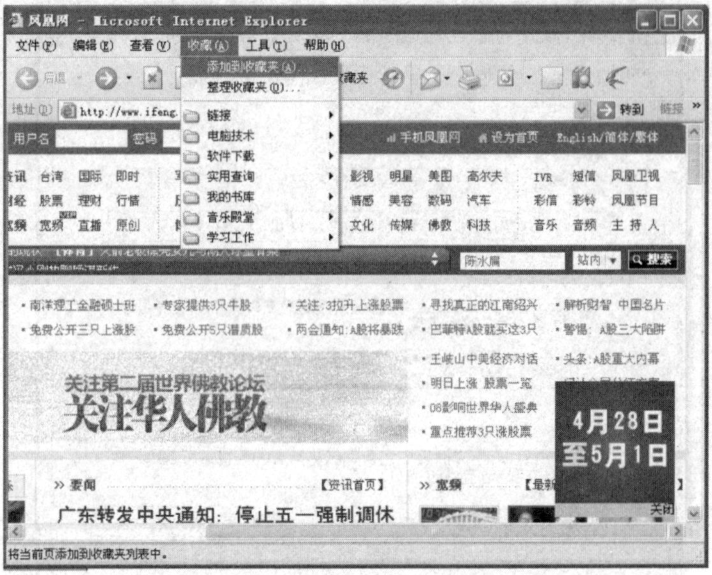

图 1－27　选择“添加到收藏夹”

第三步：在打开的“添加到收藏夹”对话框中的“名称”文本框中接受默认名或重新取名，然后单击“确定”完成收藏。如图 1－28所示。

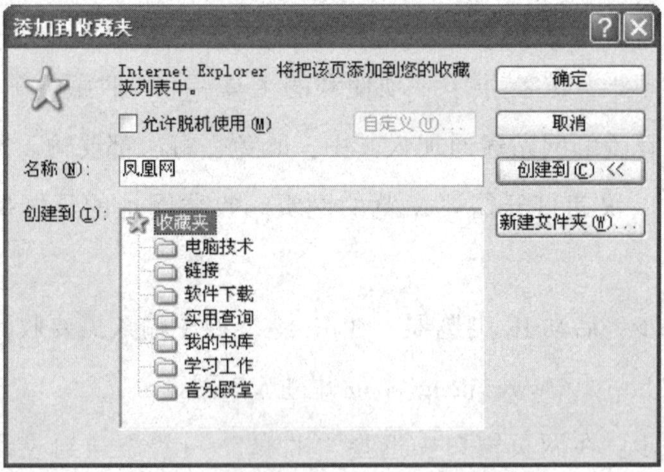

图 1－28　“添加到收藏夹”对话框

就是这么简单，你可以试着打开几个喜爱的网站，然后将其加入自己的收藏夹中。

当你想要浏览收藏夹中的网站时，只要弹出“收藏”菜单，然后单击该网站名称，不管你在任何网站 IE 都会立刻为你链接到该网站。

好！这下又有问题了，如果只是一味地将网站加入“收藏”菜单中，那么要不了多久，“收藏”菜单就会变得又臭又长，反而失去其方便性了。所以最好是替它“分门别类”一下。

我们可以在一开始，即把网站加入收藏夹的时候进行分类。如图 1－29 所示。

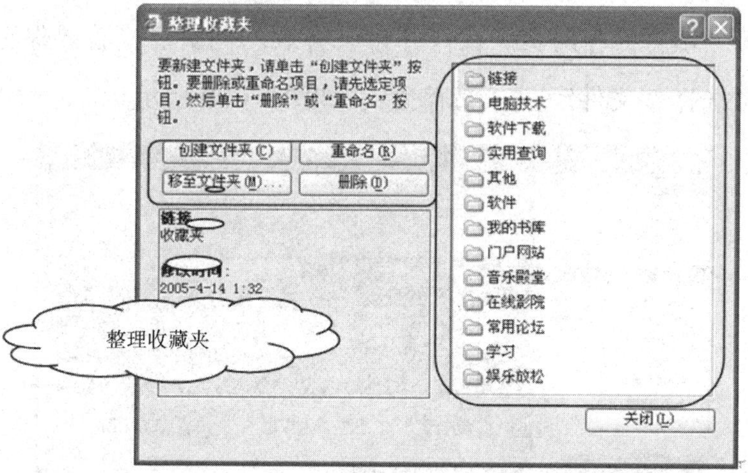

图 1－29　“整理收藏夹”对话框

强烈建议同学们要定期对你的收藏夹进行整理。执行“收藏”→“整理收藏夹”命令弹出如图所示的窗口。如图 1－29 所示。在这里可以创建、重命名和移动、删除收藏的网页及文件夹，对所收藏的网址管理起来就非常的方便了，重要的是帮助你养成有条理的好习惯。

5. 保存网页内容

中小学生在浏览 Internet 信息时，会经常发现很多对自己学习有用的内容，因此需要学会如何将网页中的有关信息保存到自己的电脑上，下面将详细讲解整个网页和保存网页中局部内容的方法。

(1) 保存当前整个网页

打开自己喜欢的网页，将其保存在电脑上。保存的网页可以用浏览器打开，也可以用网页制作软件 FrontPage、Dreamweaver 打开进行修改，还可以为以后制作个人主页准备资料和素材。

下面，我们举一个例子，讲解保存网页的方法。

第一步：另存网页。在打开自己喜欢的网页后，若要保存该网页，可选择“文件”→“另存为”。如图 1－30 所示。

图 1－30 另存网页

第二步：执行保存。打开“保存网页”对话框后，选择保存位置并输入文件名，然后“保存”按钮。如图 1－31 所示。

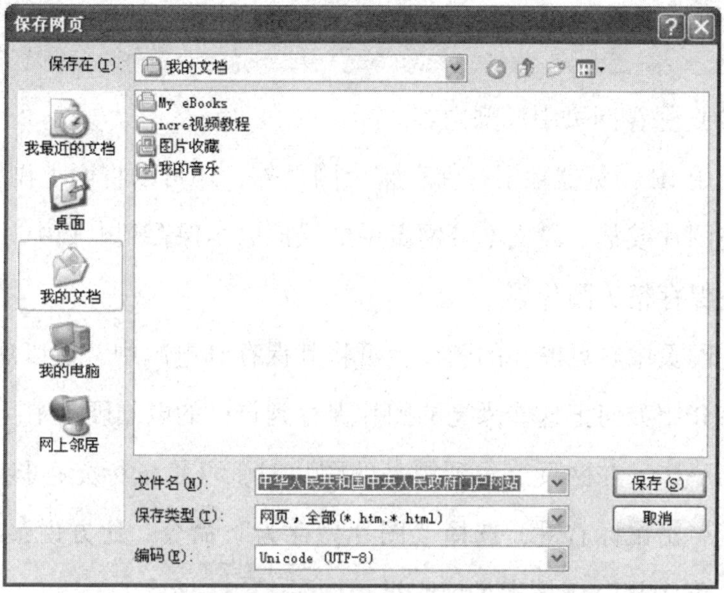

图 1－31　“保存网页”对话框

第三步：弹出进度对话框。系统自动打开“保存网页”对话框，并显示目前保存的进度，待保存完毕后该对话框将自动关闭。如图 1－32所示。

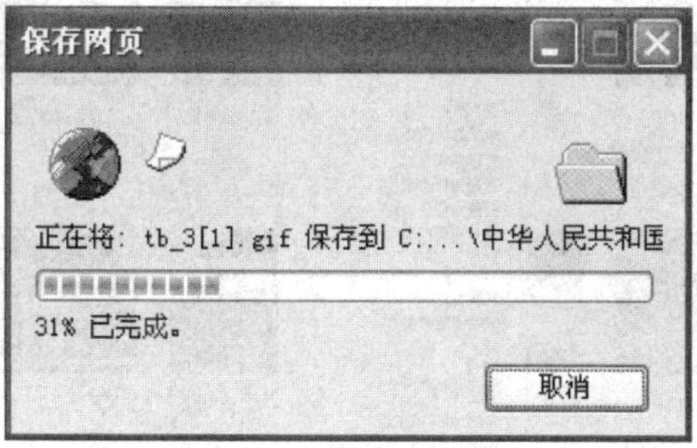

图 1－32　保存进度

小知识 同名称的网页文件和文件夹，其中文件夹中的内容包括网页中的图片、动画等文件，删除其中一个后另一个也会同时被删除。

（2）保存网页中局部内容

使用IE浏览器除了可保存整个网页外，还可以将网上浏览到的某精美图片或某一段文本等网页中的局部内容保存到电脑中。

❖保存精美图片

在网页中看见漂亮的图片，可将其保存到电脑中，供以后使用。下面将介绍如何把这些漂亮的图片保存到自己的电脑硬盘中。

第一步：在网页上看到漂亮的图片时，可将鼠标光标移到该图片上，单击鼠标右键，选择“图片另存为”命令。比方说，在打开的“百度图片”中搜索足球明星。如图1－33所示。

图1－33　选择“图片另存为”命令

第二步：弹出“保存图片”对话框后，选择“保存位置”并输入文件名，并选择“文件格式”，然后单击“保存”按钮即可。如图 1－34 所示。

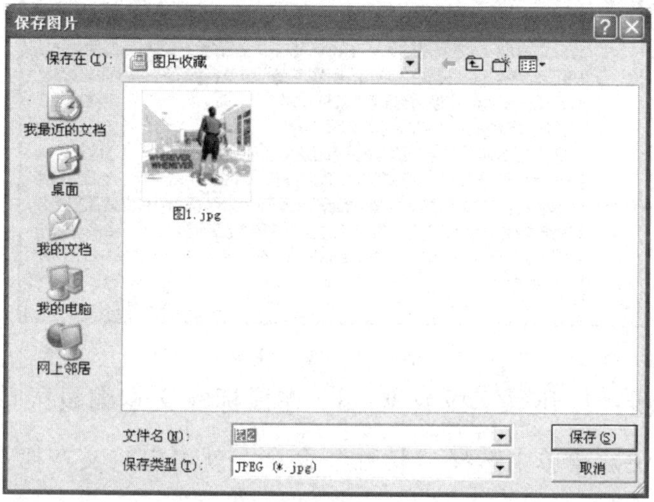

图 1－34　“保存图片”对话框

为你支招　如果你喜欢在上网时将随时浏览到的精美图片设置为桌面墙纸，其方法是在图片上单击鼠标右键，在弹出的快捷菜单中选择“设置为背景”命令。

❖保存文本

保存网页中的文本的方法是将需要保存的文字内容选中后，使用“复制”命令并“粘贴”到 Word 和记事本中，进行保存，也可以在选择文本后直接用鼠标拖动到 Word 和记事本中，再进行保存。具体步骤如下。

第一步：选中所需文本，然后鼠标右击，在弹出的快捷菜单中选择“复制”命令。如图 1－35 所示。

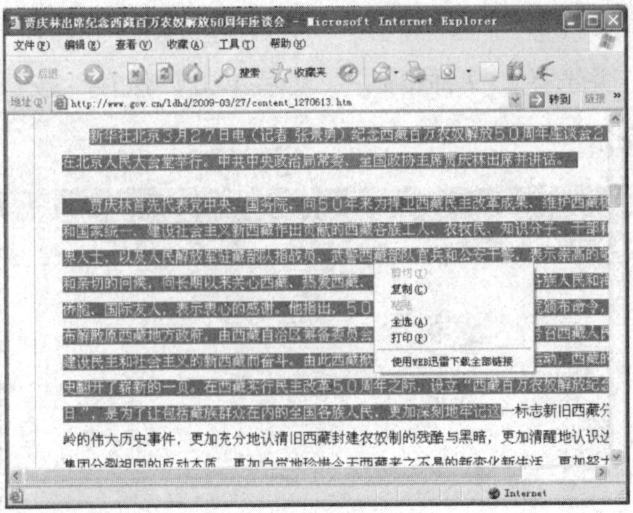

图 1－35 复制文本

第二步：打开写字板或 Word，在鼠标在文本编辑区单击右键，在弹出的快捷菜单中选择“粘贴”命令。就可以将文本拷贝至 Word 文档中，按下 Ctrl + S 保存即可。如图 1－36 所示。

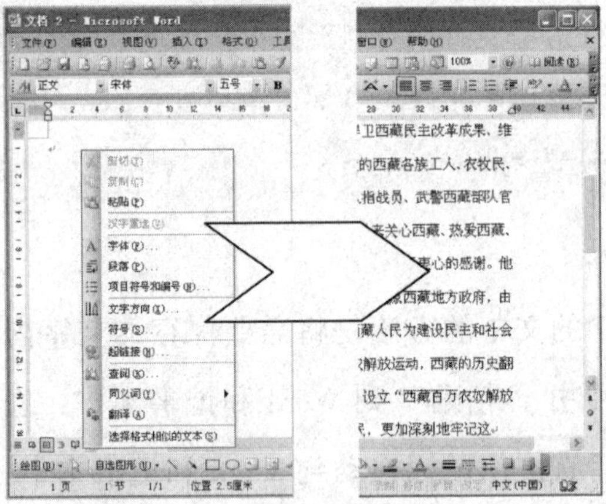

图 1－36 粘贴文本

IE 使用起来是不是很方便啊？那还不赶快行动起来，开始去网上冲浪吧！

第二章　弹指一挥间——信息资源任我选

科学家称，21 世纪是信息时代。互联网上最重要的东西就是莫过于信息，当我们进入互联网时，就会感到网上有太多太多的信息，你可能花了很多时间在其中搜寻，却空手而归。Internet 是一个信息的海洋，要在这茫茫网海中查找信息如同大海捞针。本章，我们就将教你如何在网上寻找你感兴趣的信息，让你每次都能满载而归。

一、大海捞针的搜索引擎

搜索引擎是 Internet 上的一类特殊网站，与一般网站的区别在于，其主要工作是自动搜索 Web 服务器的信息，将信息进行分类，建立索引，然后把索引的内容存放到数据库中。它为用户提供了一幅信息地图，帮助人们在浩如烟海的信息海洋中搜寻所需要的信息。

按搜索方式划分，搜索引擎大致可以有 2 种类型：①分类目录检索型；②基于关键词的检索型。下面就来简单介绍一下它们的原理。

1. 以分类目录为主的搜索引擎

这类搜索引擎提供了一份按类别编排的 Internet 网站目录。在各类下边，排列着属于这一类别网站的站名和网址链接。这就像一本电话号码簿一样，不同的是，有些搜索引擎还提供各个网站的内容摘要。下面是用“动漫”为关键词在新浪网上搜索的网站结果。如图 2－1、图 2－2 所示。

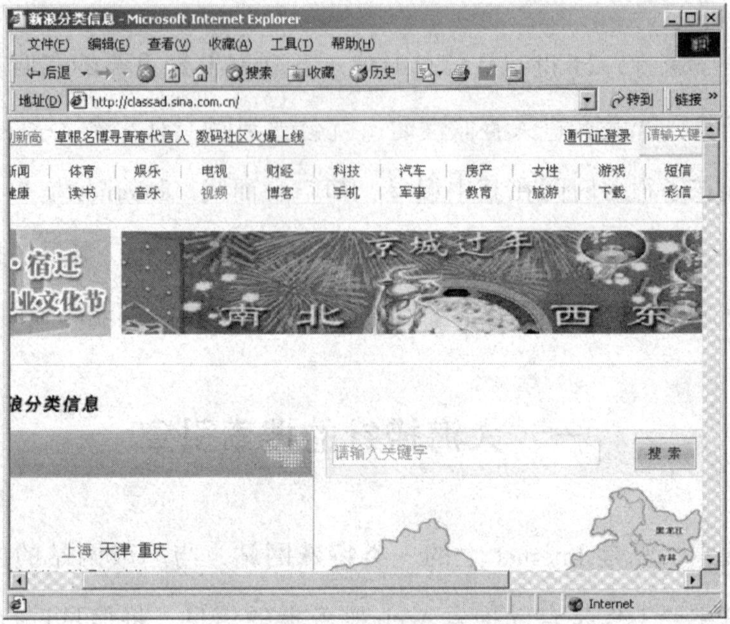

图 2－1　输入关键字

2. 以网页全文检索为主的搜索引擎

这类搜索引擎看起来与前一类搜索引擎的网站很相似，也提供一个文字框和按钮，使用方法也相同。但两者却有着本质的区别。以分类目录为主的搜索引擎，搜索的是 Internet 上各网站的站名、网址和内容摘要；全文搜索引擎搜索的是 Internet 上各网站的每一个网页的全部内容，范围更大。

图2-2 搜索结果

所以，全文搜索引擎查到的结果，是与输入的关键词相关的一个个网页的地址、或一小段文字。在这段文字中，可能没有输入的那个关键词，它只是某一个网页的第一段话，甚至是第一段无法看懂的标记，但在这个网页中，一定有所输入的那个关键词，或者相关的词汇。

注意看图，我们用“中国雅虎”搜索引擎以“动漫”为关键词搜索的123003938个结果！由此可见网页的数目非常的庞大！如图2-3、图2-4所示。

怎么样？现在知道两种不同搜索引擎的差别了吧！

图 2－3　Yahoo！搜索

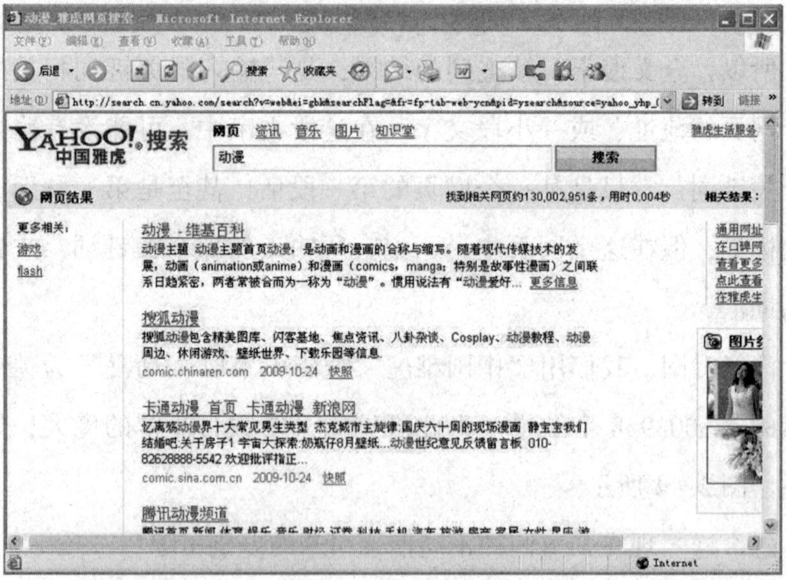

图 2－4　搜索结果

二、不可不知的搜索网站

如果你是有心人，你将会发现，在 Web 上搜寻感兴趣的专题将成为你经常的必修课，特别是，如果你的兴趣范围很广，就更是如此。那么该上哪里去找，以及怎样寻找你所需要的东西呢？究竟哪一个是最佳的搜寻网站？其实，每一个搜寻网站都有其独特的工作方式，从而搜索的结果也不同。下面将详细介绍目前应用较广的百度搜索（http：//www. baidu. com）与 Google 搜索（http：//www. google. com）的使用技巧。

1. 百度搜索——百度一下，就知道

百度是近年来发展很快的一个国内综合搜索网站，除了网页搜索之外，它的歌曲和歌词搜索功能也是备受推崇的，网址是 http：//www. baidu. com。在搜索前，先确定需查的资料属于什么类别，是图片，是音乐，还是文字资料。确定了资料类别，然后在百度首页中选择不同的类型选项卡，如图 2－5 所示。输入需查询的关键字，这样可快速查找资料。下面将介绍百度搜索引擎的几种常用选项卡的作用。

图 2－5　百度类型选项卡

(1) 百度资讯

百度新闻是包含海量资讯的新闻服务平台，真实反映每时每刻的新闻热点。你可以搜索新闻事件、热点话题、人物动态、产品资讯等，快速了解它们的最新进展。百度资讯界面见图2-6。

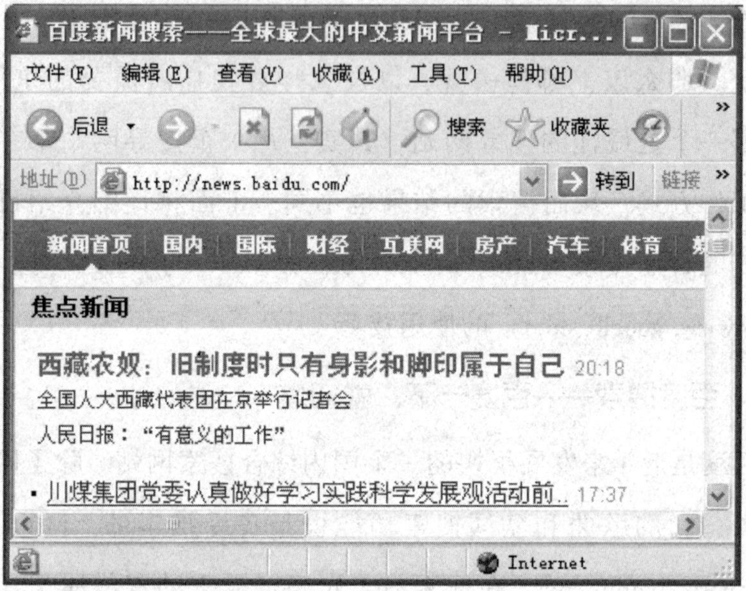

图2-6 百度资讯

(2) 百度贴吧

百度贴吧自从诞生以来逐渐成为世界最大的中文交流平台，它为你提供一个表达和交流思想的自由网络空间。百度贴吧界面见图2-7。

(3) 百度知道

这是中文搜索引擎百度自主研发的互动式知识问答分享平台。用户可根据需求，有针对性地提出问题；同时这些答案又将作为搜索结果，进一步提供给其他有类似疑问的人，见图2-8。

图 2－7 百度贴吧

图 2－8 百度知道

（4） 百度 MP3

这个网站主要提供网页、音乐、图片、新闻搜索，同时有贴吧和 WAP 搜索功能。见图 2－9。

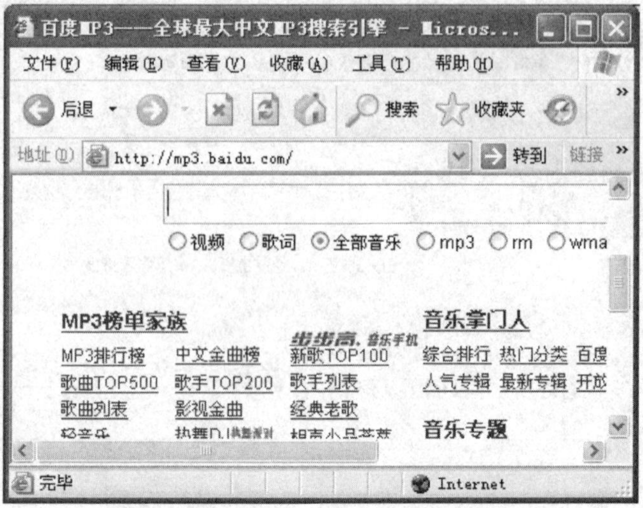

图 2－9　百度 MP3

(5) 百度图片

这里有来自数亿中文网页的海量图库，收录几十亿张图片，并在不断增加中。可以搜索你想要的壁纸、写真、动漫、表情、素材……美图、新图、热图、酷图，任你挑选。见图 2－10。

图 2－10　百度图片

（6）百度试试看

这里罗列了百度所有的工具，供用户方便使用。见图 2－11。

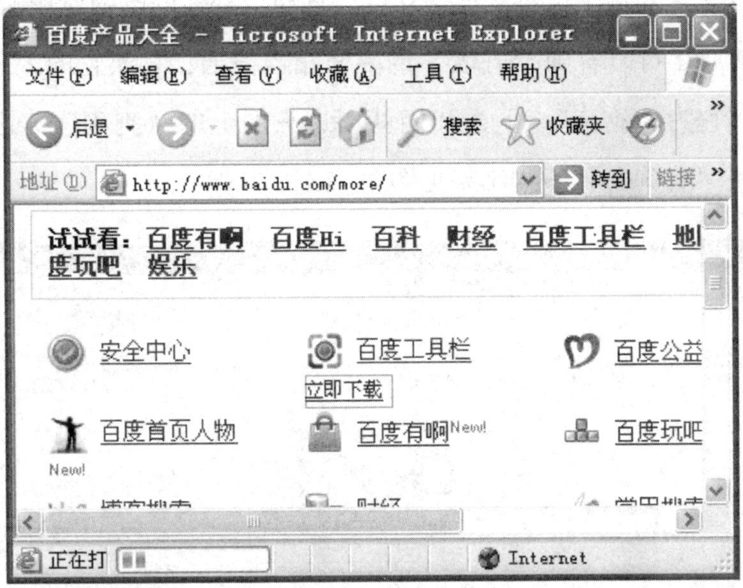

图 2－11 百度试试看

小知识

其他搜索引擎的类型选项卡与百度类似，只是包括的类型有所差异。如 Google 包含“网页、图片、资讯、论坛、更多”类型，其中“论坛”功能与百度搜索引擎的“贴吧”类似。除此之外，某些搜索引擎还有自己的独特的类型选项卡，如搜狗搜索引擎包括的“地图”、雅虎搜索引擎包含的“影视”，网易搜索引擎包含的“字典”等。

2. Google——传说中的“谷歌”

Google 是世界上最著名的专业搜索引擎。它的界面虽然简洁，功能却十分强大。在地址栏里直接输入 http：//www. google. com 之后回车，就可以看到中文 Google 而不是满目的英文，很方便吧。其实这也是它的一个独特之处，它可以自动识别你的电脑所用的语言。从图 2－12 可以看到“谷歌”的界面相当简洁，喜欢它的人还亲昵地称呼它为“狗狗”。下面我们就用这只网上的“狗狗”来搜东西吧。用“狗狗”搜索的结果见图 2－13。

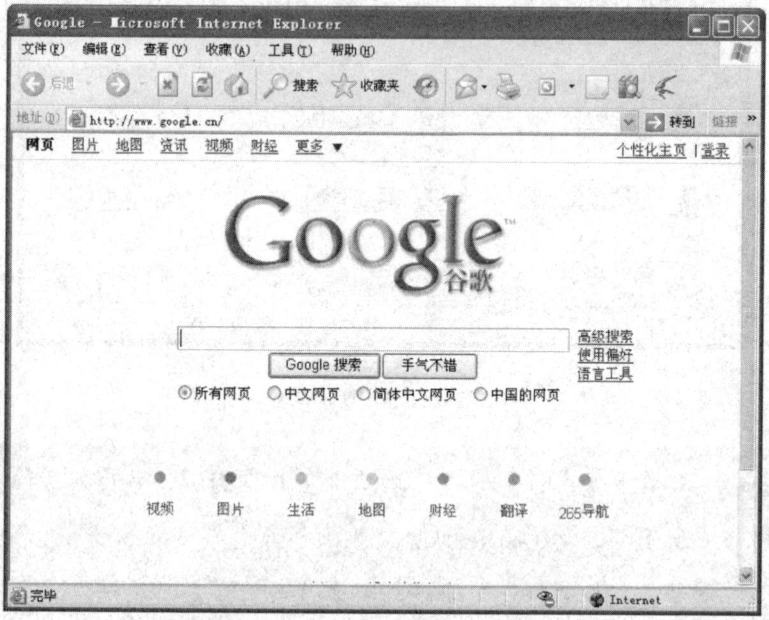

图 2－12　强大的 Google 搜索引擎

Google 的功能是非常强大的，除了这样的一般搜索，还可以进行图片搜索呢！大家可以根据自己的需要，选择合适的搜索引擎和检索方式。

怎么样，很方便吧！你可以自己试一试上述几种不同的搜索工具，看你喜欢哪一个。

图 2-13　用 Google 搜索“福尔摩斯”

小知识

Google Earth：这是一个全球卫星图片浏览软件，可以浏览全世界任何一个角落的地图。分辨率有高有低，低的可以看到城市轮廓，河流、道路、机场。高的可以看到街道、汽车，甚至行人。我很容易就找到了我们的城市，找到了我所在的单位。如果你家正好有幸被高分辨率图像覆盖，也许你能看到你晾晒的衣服，绝对不夸张。

大家可以搜索感兴趣的地方，比方说寻找我国的和国外的军事基地，比如各地的机场、港口、舰船制造和实验基地，我国首次核试验的爆炸现场。不过呢，要想找到这些，也需要动些脑筋和工夫。

这个软件是免费的，网上有很多地方可以下载，用 Google Earth 搜索即可，慢慢玩吧，至少对外出旅行很有帮助。

三、下载网络资源

在无限广阔的网络世界中，除了浏览丰富多彩的信息之外，还可以随意下载需要的网络资源。本章主要介绍常见的网络下载方式，以及使用下载工具下载网络资源的方法和技巧。

1. 利用 IE 浏览器直接下载网络资源

当需要从网上下载一些常用的小软件或音乐等资料时，利用 IE 浏览器直接从网站上下载最省事了。IE 浏览器直接下载就是在网页上单击相应的下载超链接，在随即打开的对话框中，根据系统指示指定好该文件存放在自己电脑的目标位置即可下载。接下来，我们就一起来学习用 IE 浏览器直接下载所需资料的方法。

通过 IE 浏览器直接下载迅雷 5.0 软件的方法如下。

第一步：进入迅雷在线网站在地址栏中输入迅雷在线的网址（www. xunlei. com）。打开迅雷在线网页。如图 2 – 14 所示。

第二步：单击“本地下载”超链接。在打开的网页中找到如图所示的位置，再单击“本地下载”超链接。如图 2 – 15 所示。

第三步：保存文件在打开的“文件下载—安全警告”对话框中单击“保存”按钮。如图 2 – 16 所示。

第四步：确定下载位置和文件名。如图 2 – 17 所示。

图 2－14　迅雷在线界面

图 2－15　点击下载迅雷

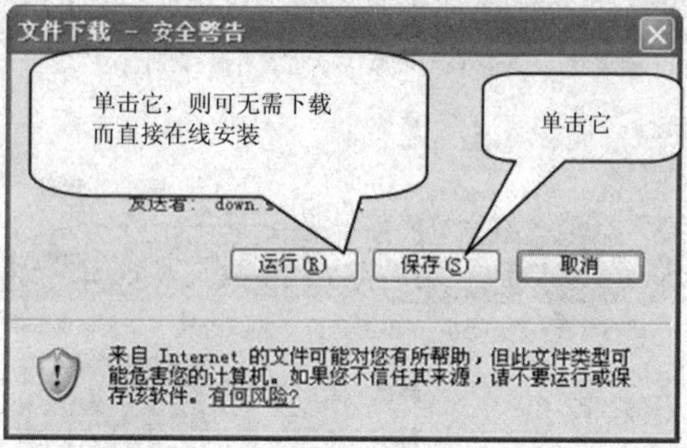

图 2－16　保存文件

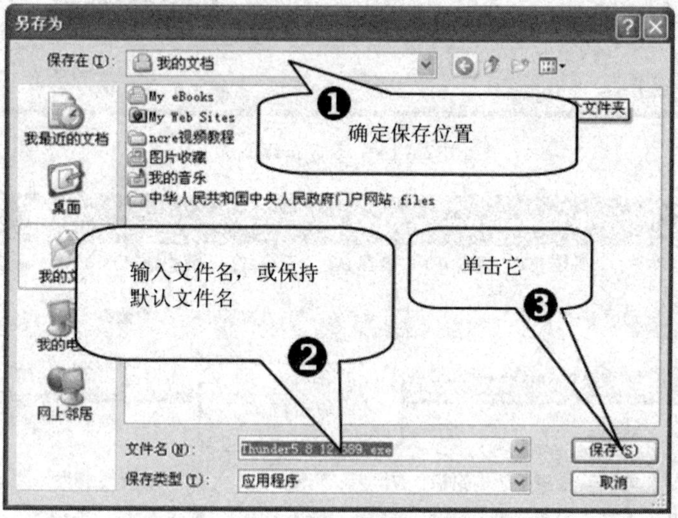

图 2－17　“另存为”对话框

第五步：显示下载进度。如图 2－18 所示。

第六步：查看下载文件。如图 2－19 所示。如果要安装迅雷软件，双击其图标，然后会弹出其安装向导，按照向导提示即可将其安装到自己电脑上。

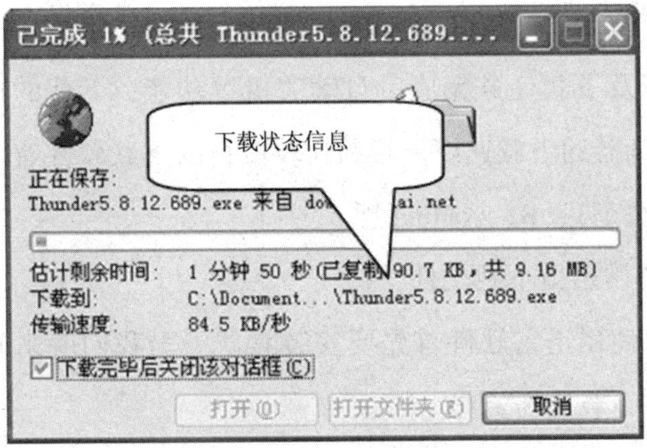

图 2－18　下载进度

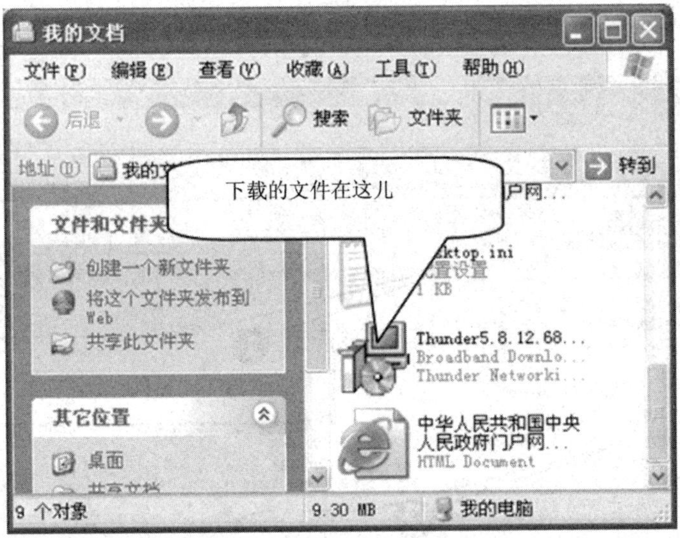

图 2－19　查看下载文件

2. 不可不知的下载工具——我的快车道

一般来说使用 IE 下载文件速度很慢，而且下载中途断掉就得从头再来，加上国内的因特网目前是世界上最慢的网络之一。许多人通过网络下载资料，面对几个字节的下载速率，真是欲哭无泪！为了让下载的速度得到提高，人们一般使用专门的下载工具软件，它们一般有非常全面、实用的功能，如断点续传、下载任务管理、定时下载，以及下载任务完成后自动关机等功能，下载的速度也远超过了 IE 浏览器的下载速度。目前比较流行的下载软件有迅雷、Flash Get（网际快车）、BT、eMule 等。

（1）使用迅雷下载文件

注意，使用迅雷软件首先要安装它。下面我们就来看看如何利用迅雷软件下载所需资料。

第一步：查找“联众世界”。在百度中搜索“联众世界”的网页。打开“联众世界下载中心”网页。如图 2－20 所示。

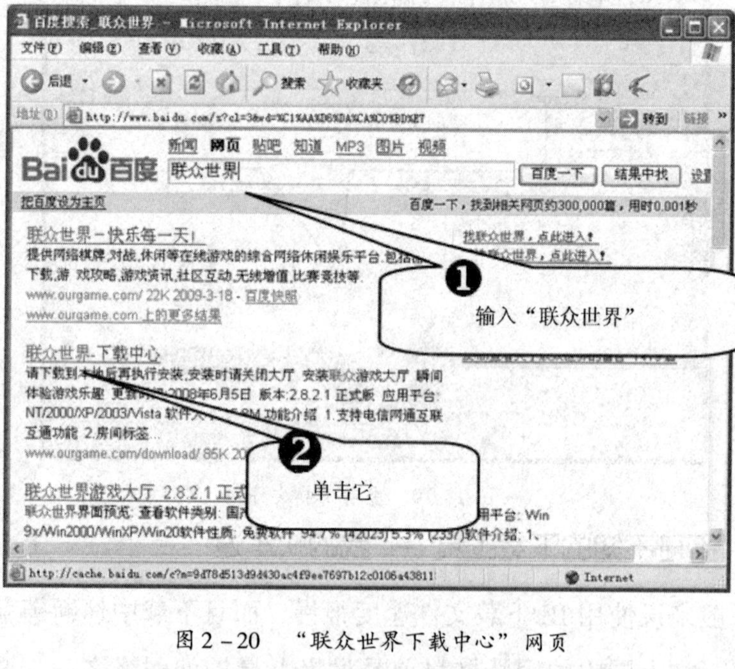

图 2－20　“联众世界下载中心”网页

第二步：选择下载超链接。选择一个“联众世界”程序，鼠标单击，便会自动打开 web 迅雷任务窗口。图 2－21 所示。

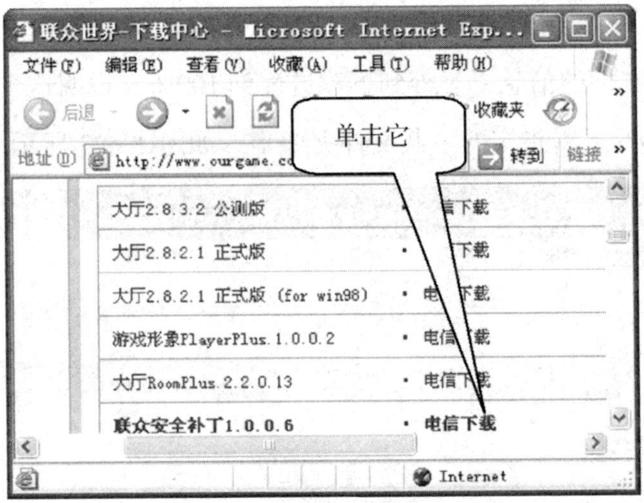

图 2－21　web 迅雷任务窗口

第三步：选择文件的下载位置。在打开的对话框内单击“浏览”按钮，选择保存文件的位置，在“另存名称”文本框中输入文件名称。单击“确定”按钮即可进入下载状态。如图 2－22 所示。

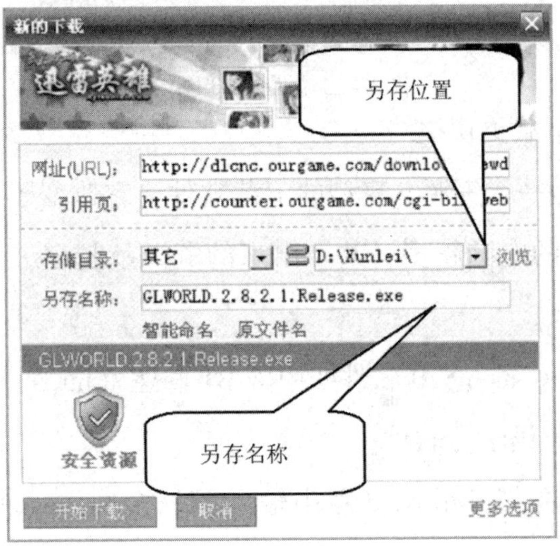

图 2－22　选择下载位置

第四步：进入迅雷下载页面。在打开的迅雷下载页面中就可看到要下载文件的信息了。等到下载进度到100%，说明这个文件已经下载到Web迅雷指定的下载文件夹中了。如图2－23所示。

图2－23　迅雷下载页面

（2）BT下载更快捷

BT下载是一款资源共享型的下载软件，它改变了传统的下载方式，下载资料的电脑越多，共享出来的资源就越多，下载速度也会越多。

下面用BitComent8.0软件在中国BT联盟（http：//search.btchina.net）下载英语学习软件。

第一步：在打开的浏览器中输入网址www.search.btchina.net，按回车打开网页后，在指定位置输入“英语学习”。单击“开始搜索”。如图2－24所示。

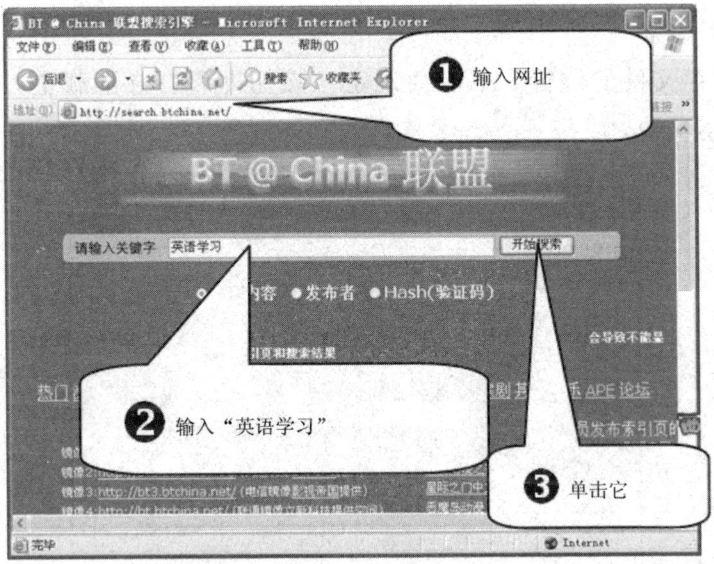

图 2－24　BT 联盟下载界面

第二步：下载种子文件。在打开的网页中单击下载软件的超链接。如图 2－25 所示。

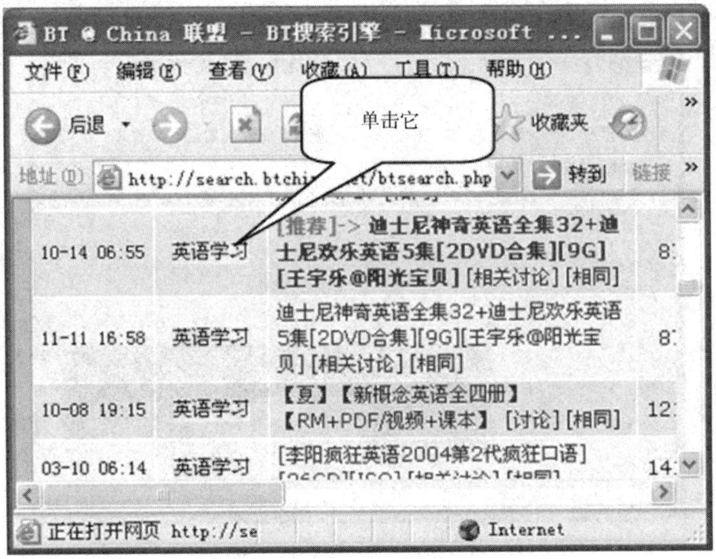

图 2－25　下载种子文件

第三步：在弹出的“下载任务”对话框中单击“浏览”按钮，选择保存文件的位置。单击“确定”按钮即可打开下载主界面。如图 2 – 26 所示。

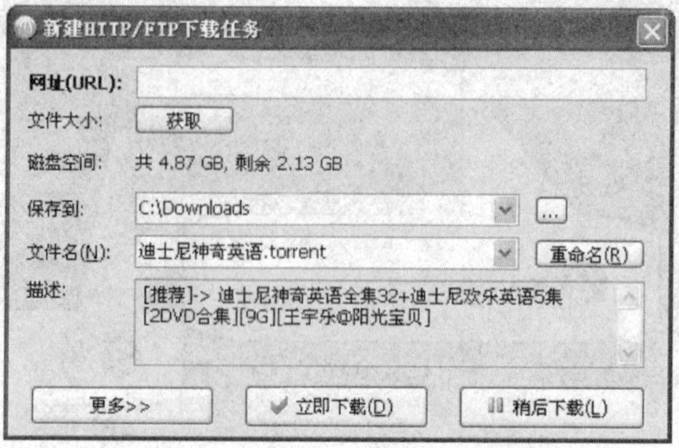

图 2 – 26 “下载任务”对话框

第四步：在打开的 BT 下载主界面中，我们可以看到该下载文件的相关信息，如文件下载进度。如图 2 – 27 所示。

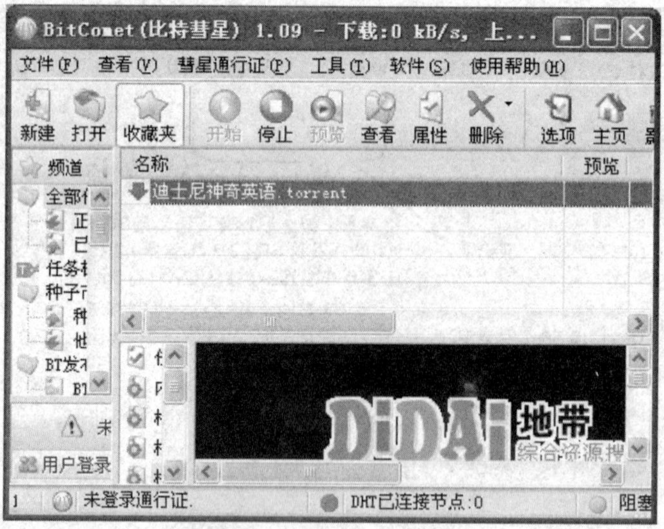

图 2 – 27 BT 下载主界面

哇！真棒！以后需要什么学习软件、视频、书籍，都可以从网上下载了，既方便又可以替爸爸妈妈省钱！太好了！赶快行动吧！

小知识

那么下载工具软件从何而来呢？一般来说，要使用下载工具要到相应的下载软件网站中，用 IE 浏览器直接下载并安装即可。每个下载工具都有相应的下载地址，例如前面刚刚讲过的迅雷软件的下载。

第三章　网络助学——掀起“信息化学习”新潮流

子不学，非所宜。幼不学，老何为。学生，为学而学，生为学生，不学怎生？……

减负，减负，学生的负担却也不见轻下来，每天听完一整天课之后还有数不清的课后练习。

有些家长为了防止孩子沉迷网络游戏，甚至不让孩子上网。

其实，网络上信息琳琅满目，当然也包括对我们平常学习很有用的东西啊，只要用正确的态度去对待上网这件事，严于律己，我们一样能好好学习，天天上网。

一、开在家里的网络学校

随着计算机的普及和网络技术的发展，计算机远程教育越来越成为远程教育的主流。计算机远程教育是指利用计算机和通信线路通过计算机和网络实现交互式的学习，学生只需有一台电脑、一台调制解调器和一条电话线即可成为网上学生。使各级教师、学生、家长能在网上学习与交流成为现实的一种全新的教育方式。无论师生之间是否远在天涯海角，只要通达电话线的地方，就可进行交流与学习。老师所面对的也已经不是传统的一个教室的学生，远程教育使我们的学习和生活发生了革命性的变化。作为一个小网民，你是否也参加运用了这种依托网络技术的信息时代的新的学习方法呢？Come on，我们一起出发，去了解个究竟吧！

1. 认识网络学校

我国最早的网络学校产生于20世纪90年代，发展到现在已经有上百家了，其中约50%是面向中小学生的。网络学校利用互联网的无限性和时空性，使教育信息可以无限地传播，克服了学习上时间和空间的限制，是信息时代学习形式的一大革命。网络学校的办学宗旨是为了培养学生的学习能力，激发学生的学习兴趣，开阔学生的眼界。

据网络调查统计，网络学校的功能一般包括以下几部分：一是以学生的日常学习生活为依据，开展相应内容的教学活动，如同步课堂、在线广播、名师点评等；二是鼓励学生自主进行的学习活动，学生可根据自己的爱好点击相应内容，如多媒体软件、答疑中心、试题库、讨论区等；三是以扩展学生的知识视野为目的，创造轻松学习的氛围，如教育信息、图书馆、学法指导、课外大地、友情链接等；四是网络学校专门为家长开设的栏目，主要是为了加强与家长的联系，如家长园地等。

在上述这些栏目里，比较受学生欢迎的是“在线讨论”“模拟社区”等自由谈论的服务项目。网络学校这一独具特色内容，为学生提供了自由发表见解、相互交流思想的虚拟场所，有助于调动其学习积极性，有利于学生思维的发展。

当然我们还应该认识到，在网络学校逐步被学生所接受的同时，网络教育本身还存在以下几个方面的弊端：

第一，情感沟通的缺失。网校学生在空间上同教师相分离，客观上使师生之间的情感沟通比较困难，学生很难产生对教师的亲近感，无法获得因这种亲近感而产生对学习的积极影响，以及教师对学生人格成长的潜移默化的影响。

第二，信息资源的匮乏。现有网校所提供的信息资源，主要是大量的题库或教师编写的教学内容，课外知识内容严重匮乏。且缺少精细加工与经常性的更新，也不成体系，基本没有体现网络信息对学生学习的价值作用。

第三，技术设备阻碍发展。绝大多数网络学校学生反映，网络速度太慢，经常会出现线路不通的问题，同时许多教育软件还有待进一步开发和完善。

第四，学生有效管理的缺乏。网校目前仍难以实现对学生有效的管理和引导，尤其是对一些自制力较差的学生缺乏有效控制。

因此，我们对网络学校应该有个科学的认识态度，不应该完全沉迷于网络，更不能将获取好成绩完全寄托于网络学校，而忽视了身边学校和老师的作用，这是不可取的。对于中小学生朋友来说，网络学校是一种学习的辅助手段，正确利用网络学校提供的信息、开阔自己的眼界丰富课外知识，并对平时的学习有必要的辅导作用。

2. 著名中小学网络学校简介

（1）101 远程教育网（http：//www. chinaedu. com）

101 远程教育网由北京 101 中学和北京高拓电子科技有限责任公司创办于 1996 年 9 月，是中国第一家中小学远程教育网，也是北京市教委首批认证的网校。该网站致力于做中国最有实力的教育内容服务商，以最大限度地满足学生的教育教学需求为发展宗旨。现在，101 远程教育网已经是中小学教育领域的一颗璀璨明星。

2000 年 1 月 18 日，经中国互联网竞赛中心严格评审 101 远程教育网荣膺全国十大优秀 Internet 网站，并获科技教育网站第一名。2001 年 7 月，成为获北京市教委首批认证的教育网。依托优秀的教学资源，101 远程教育网成为中小学网络教育的领航者，从内容、技术到产品均处于领先地位。其网络教育具有同步性、过程化学习、互动学习、便捷性、开放性等特点。101 远程教育网主页见图 3－1。

图 3－1　101 远程教育网主页

❖同步课堂

400多位重点学校一线特高级教师提供多种版本的同步教学、复习、考试信息，使学生真正享受到重点学校的教学内容，如图3－2所示。

图3－2　同步课堂

❖名师面授

名师出高徒，101名师采用语音法与板书结合的最新技术，让学生如同坐在教室第一排听老师授课，如图3－3所示。

❖疑难共享

成绩在答疑解惑中提高，学习中遇到问题，网上老师随时解答。其他同学的问题还可以共享，从而实现共同提高。如图3－4所示。

图 3－3　名师面授

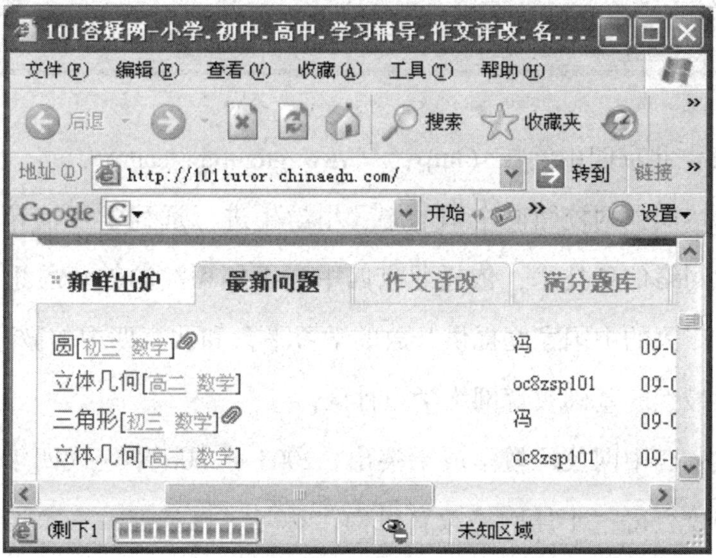

图 3－4　疑难共享

❖状元班

101 网络学校为学生除了提供一整套自我检验的方法，帮助学生及时查缺补漏外，更开设“状元班”，帮助学生自我提高和完善。如图 3－5 所示。

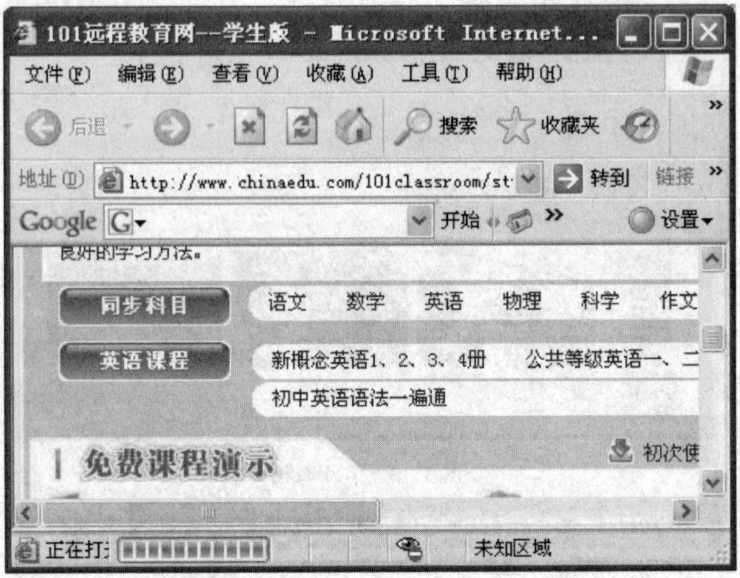

图 3－5 “状元班”课程

（2）北京四中网校（http：//www. etiantian. com）

北京四中网校面向全国的中、小学生进行远程学习辅导，利用先进的网络信息技术，依托北京四中近百年积淀的教育思想、教育理论为广大的中国家庭提供开放的学习平台和北京四中的教育资源，是中国最大的基础教育网络学习社区。

北京四中网校的教学成果突出，2003～2006 年连续四年，北京四中网校获得“十佳网络教育机构”称号，也是唯一一家连续四年获得此项荣誉的远程基础教育机构。2004 年、2005 年，连续获得“中国最具价值的网站 100 强”称号。2005 年获得首届“中国信息化建设优秀奖”。北京四中网校主页见图 3－6。

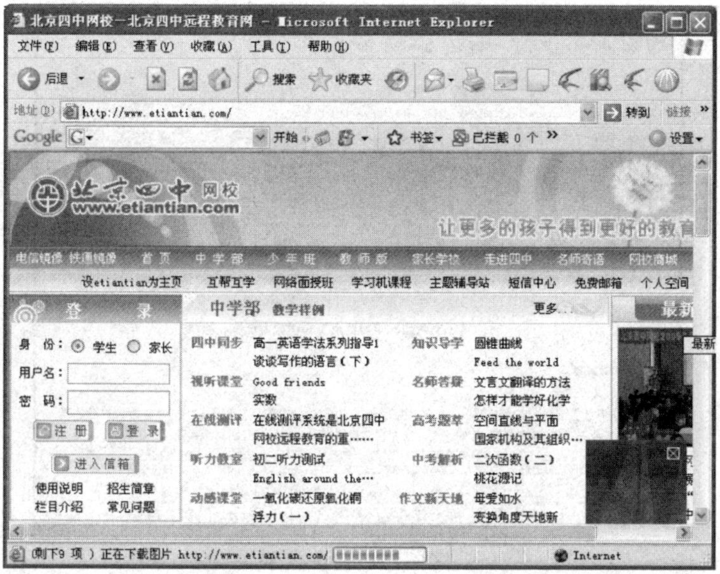

图 3－6　北京四中网校主页

北京四中网校具有以下几个功能模块：

❖同步教学

同步教学紧扣教学大纲、教材，与课堂教学同步，分析、归纳、总结、强化基础，培养能力。在高考、中考、期考等阶段提供有效辅导及经典模拟试题。使学生了解名校对知识内容的要求程度和分析问题、解决问题的方法。如图 3－7 所示。

❖名师答疑

北京四中一线任课的优秀教师将与网校学生进行疑难问题的解答，你可发 Email 给老师，北京四中老师即可对学生进行个性化的辅导，实现一对一的个性化学习、交互式的资源共享。如图 3－8 所示。

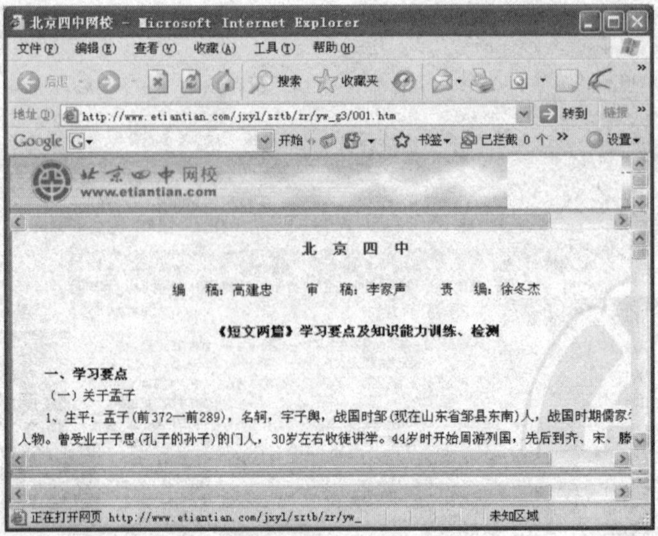

图 3-7 同步教学

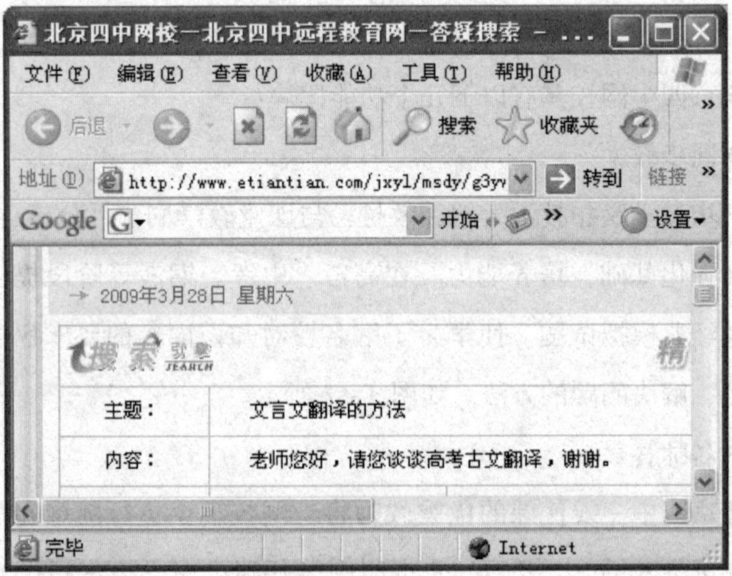

图 3-8 名师答疑

❖在线测试

以中考考点为依据，把握本周的重点和难点，对学生学习的内容进行在线的测试，即时反馈测试的成绩，并对测试题进行详细的讲解与分析，使学生更充分地了解自己对知识点的掌握程度，可以全程跟踪记录学生在网校的学习情况，作为学生的学习档案，测试的结果可以完整地提供给学生、家长、老师，可以全面地了解学生本学期的知识掌握程度，有针对性地备战中考（或期末考试）。如图 3－9 所示。

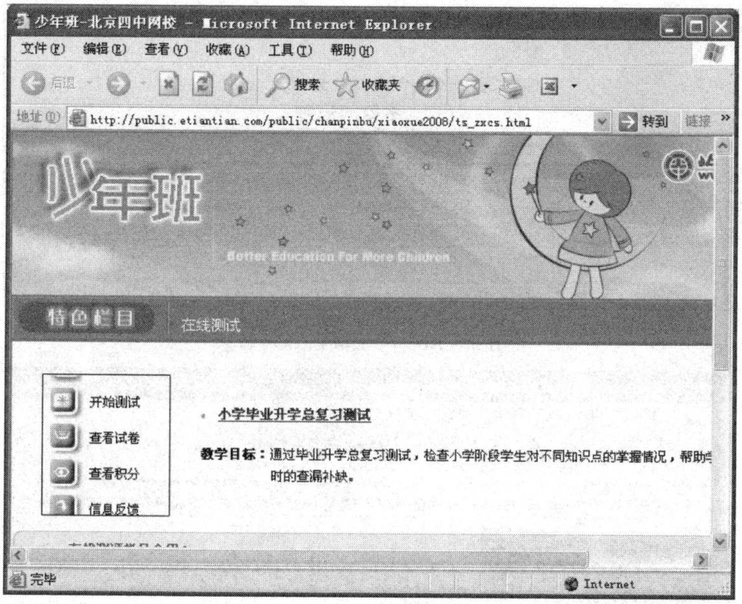

图 3－9 在线测试

❖高考培训与解析

分解到章节中的与教学同步的百城市全真中考试题，具有丰富经验的名师的讲解，每一周都做中考题。如图 3－10 所示。

❖网络面授

直接由北京四中的精英教师以面对面的形式进行现场辅导，让学生直接接收北京四中的高等教育，让学生了解四中同学的学习方法！如图 3－11 所示。

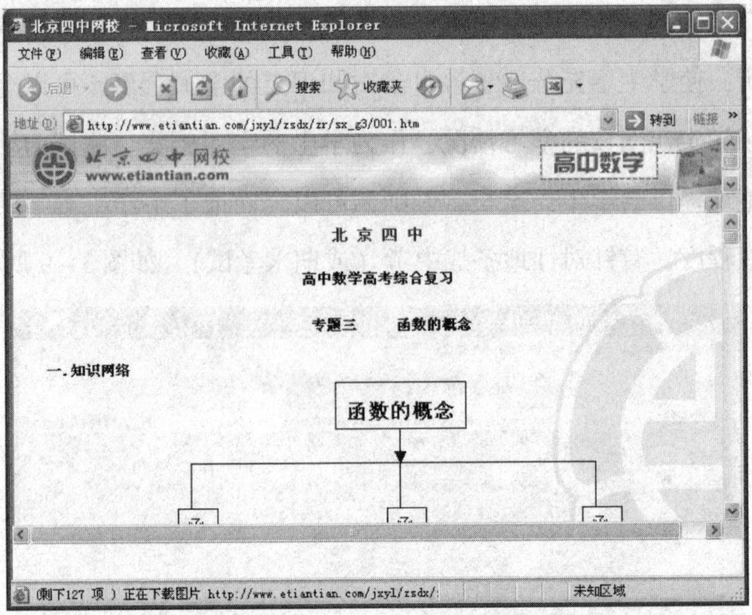

图 3－10　高考培训与解析

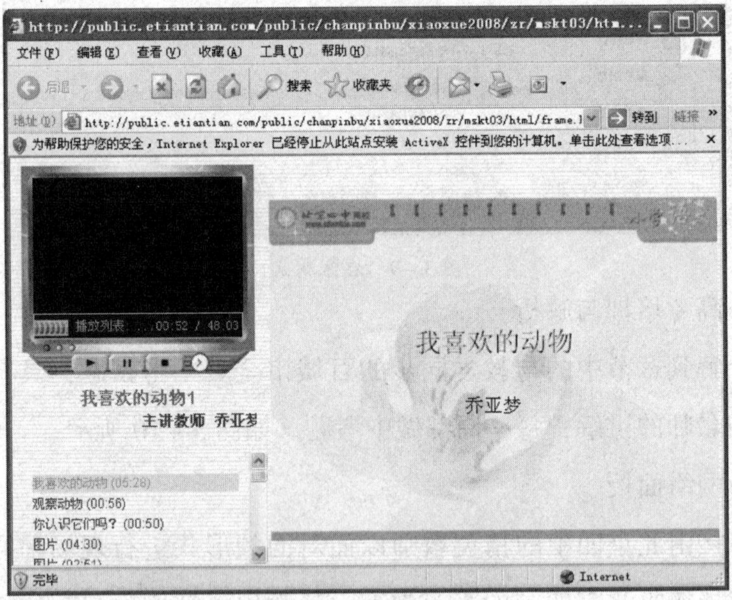

图 3－11　网络面授

❖视听课堂

如图 3－12 所示。

图 3－12 视听课堂

除此之外，还有“动感课堂”与“课外拓展”，“动感课堂”充分发挥声音、图形、动画等多种媒体的优势，有效地调动学生的学习积极性，交互的多媒体实还可以解决学生做实验时实验结果不准确、实验现象没看清、危险实验不能做的情况。“课外拓展”能够拓展学生的知识面，培养学生的探究能力，加强学生的自主学习能力，体现素质教育的精神。

（3）洪恩在线（http：//www. hongen. com）

洪恩在线，由北京金洪恩电脑有限公司于 1999 年 1 月倾力推出，是中国目前最具特色的教育求知站点。洪恩在线依据“以最先进的技术手段改变教育”原则，将金洪恩公司对素质教育的理解与知识的传播延伸到网上。洪恩在线包含轻松英语、电脑乐园、继续教育、动感校园、艺术百科、网上交流、同窗名录和精品购物等频道。其中应用大量的 flash 等先进的动画技术，互动式、多媒体的教学方式，使教与学变得更为方便、轻松。洪恩在线主页界面如图 3－13 所示。

图 3－13　洪恩在线主界面

其他网络学校网址如下：

网络学校名称	学校网址
弘成学习网	http：//www. xuexi. com. cn
8211 名校名师联盟	http：//www. 8211. com
汇文网校	http：//www. huiwen－cn. com
四川教育网	http：//www. scedu. com. cn

续表

网络学校名称	学校网址
成都7中网上教育	http：//www.eastedu.com/
我爱学习网	http：//www.52xuexi.com.cn
中国中小学教育教学网	http：//www.k12.com.cn
北大附中附小网校	http：//www.pkuschool.com/
宏志网校	http：//www.hongzhinet.com/
世纪宽高人大附中网校	http：//www.kgedu.net/
黄冈中学网校	http：//www.huanggao.net/newweb/index.htm

二、网络图书馆在线阅读

目前，我国中小学的数字图书馆、在线阅读服务发展迅速，克服了传统图书馆使用不便、查阅困难的缺点。一根网线、一台电脑就能实现随时随地查阅资料的需要。没有借书的繁琐，没有地域的限制，不用担心零花钱不够而对自己喜爱的小说忍痛割爱，这样的服务，心动了吧！

1. 数字图书馆简介

在现有的数字图书馆产品中，中文在线“中小学数字图书馆”是专门针对中小学需求而量身定做的数字图书馆。中文在线“中小学数字图书馆”以新大纲新教材为中心，紧密围绕教学重点，针对课堂教学的全过程，提供教师和学生所需的系统性精品教学资源，运用声音、音乐、动画、视频、文字等多种表达手段。同时辅以方便快捷的检索功能，使学校管理者能及时获得最新的学校管理、教育动态信息。

在图书数量上，中文在线“中小学数字图书馆”可以提供不少于1万册图书。这些图书是从近13万种图书中挑选出来的、适合中小学校教师和学生的图书。

此外，持续化服务是中文在线“中小学数字图书馆”的突出特点。每年中文在线“中小学数字图书馆”都会密切跟踪国内各类教育图书出版的前沿动态信息，并为用户学校提供不低于当年30%图书出版量的最新图书资源更新，以保证在一个较长的时间段内，更好地为广大中小学提供贴身、优质、持久的资源服务，为学校广泛开展各类信息技术教育、进行教育课程改革等创造良好的必要条件。

这种通过有针对性的内容选择而创建的数字图书馆，也只有放到实际教学中才能真正发挥作用，教师有了这种专业、权威、实用的数字图书馆后，就可以在最短的时间内获得丰富的备课资源，节约大量的精力和时间；学生则不用再拘泥于书本、课堂，而是通过“中小学数字图书馆”获取更多的知识和技能方法。

2. 几个著名数字图书馆介绍

(1) 书生数字图书馆（http：//www. 21dmedia. com/index/login. vm）

书生公司创建于1996年。以领先的中文信息、数字化技术为核心，为机构用户提供高科技产品和服务，目前已成长为我国数字图书馆领域的领导厂商、最成功的电子政务软件厂商，被评为“中关村十大知名软件品牌”“出版数字化软件首选品牌”。书生数字图书馆主页如图 3 – 14 所示。

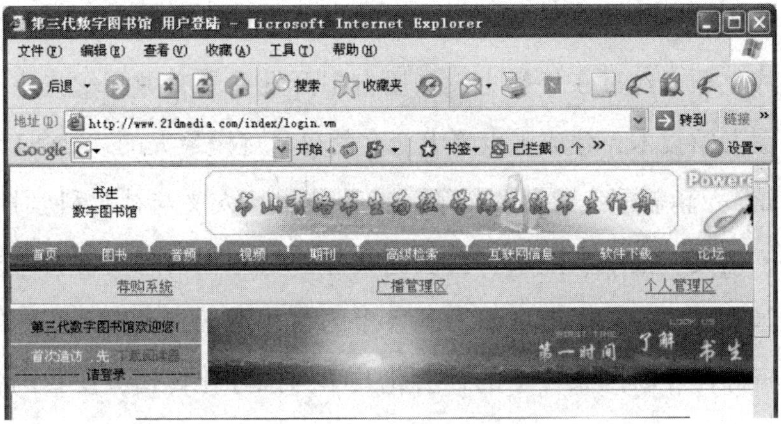

图 3 – 14 书生数字图书馆主页

书生之家中小学图书馆本着方便中小学生查阅的原则，把馆藏图书分为马列著作、哲学、政治军事、综合类图书、工具书、文化科学体育类图书、生活百科以及中小学教学等类别。各个学科、各种类别的图书都有所涉及，是中小学生开阔视野、扩充课外知识的有效途径。

为了更快在茫茫书海中找到你所需要的图书，一般是通过检索的方式查找。书生之家中小学图书馆提供的检索方式可以通过关键字，即要检索书籍包含的内容在所有文章中或书目中检索，同时还要给出所检索的图书所属的类别。因此，要正确使用全文检索工具，一方面要了解自己需要图书的内容，另一方面要熟悉该数字图书馆的分类方法。如图 3 – 14 是书生之家的检索页面，在这里可以搜索你想要的东西。

（2）CNKI 中小学多媒体图书馆（http：//www. cfed. cnki. net）

中国知识基础设施工程，即 CNKI 工程，是以实现全社会知识信息、资源共享为目标的国家信息化重点工程，被国家科技部等五部委确定为“国家级重点新产品重中之重”项目。CNKI工程于1995年正式立项，经过8年努力，采用自主开发并具有国际领先水平的数字图书馆技术，建成了世界上全文信息量规模最大的“CNKI数字图书馆”，涵盖了我国自然科学、工程技术、人文与社会科学期刊、博硕士论文、报纸、图书、会议论文等公共知识信息资源；用户遍及全国和欧美、东南亚、澳洲等各个国家和地区，实现了我国知识信息资源在互联网条件下的社会化共享与国际化传播，使我国各级各类教育、科研、政府、企业、医院等各行各业获取与交流知识信息的能力达到了国际先进水平。如图3－15所示。

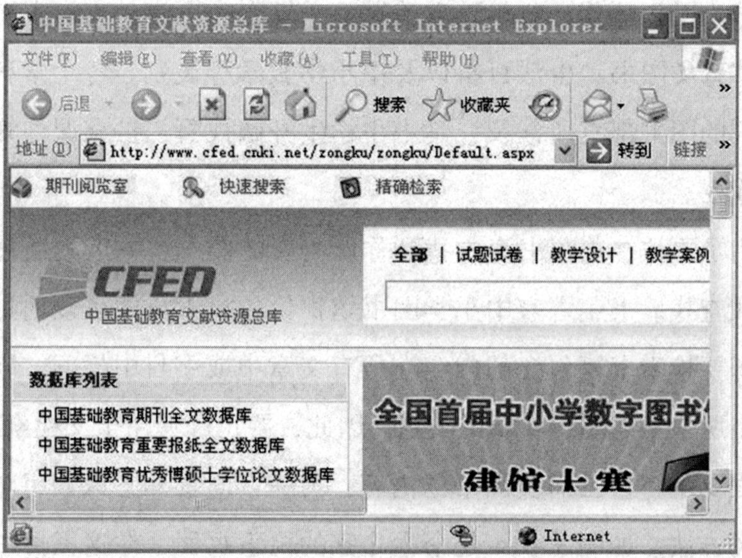

图3－15　CNKI中小学多媒体图书馆

CNKI数字图书馆具有扎实的文献资源基础。目前，CNKI共正式出版了22个数据库型电子期刊，囊括的资源总量达到全国同类资源总量的80%以上。在此基础上，CNKI工程集团开发了大量的用于教育教学的多媒体素材库和多媒体知识元库，是中小学生学习的好帮手。

❖图书阅读

CNKI中小学多媒体图书馆提供的图书，内容比较新颖，出版时间也是近几年，能够及时迅速地传播新的自然科学、社会科学知识。另外，该图书馆还有大量国外版的图书，对于中小学生了解国外最新科学信息，有很大的帮助。

这个阅读工具是大名鼎鼎的ADOBE READER阅读器，大家可以用我们前面所讲过的搜索引擎搜搜看（在搜索页面输入“ADOBE READER下载”），一般的下载站点都有免费下载。

❖中小学课件

CNKI中小学多媒体图书馆在多媒体技术的技术上，突出现代教学方式的特点，提供中小学各科的课件服务，包括数学、语文、英语、政治、物理、化学、生物、历史、地理等各门学科的讲授课件，使我们足不出户就可以感受到课堂上课的气氛。

❖工具下载

该图书馆提供CAJ全文浏览器、PKG素材浏览器、FLASH插件、MediaPlayer、RealOneplayer、Winzip等多媒体工具的免费下载服务。

（3）几米在线阅读（http：//xixier. gymc. net/jimi/index. htm）

不知从什么时候开始，来自台湾的少年几米带着他的兔子和月亮走进了我们中小学生的生活。他用图像作为文学语言，营造出一种清新舒畅、充满诗意的画面。在几米的绘画作品里，所有人物的面目都有点西化，还有很多西方文化中常见的符号，比如修女、天使等，对我们来说可能有些新奇与陌生。几米的解释是异国的文化符号比较能引发读者的想象力。他开玩笑说：下次也许会让男女主人公在庙宇前相遇，还要画几个和尚。几米在线阅读主页如图3－16所示。

图3－16　几米在线阅读主页

几米的作品往往同时散发出孤独与温暖并存的气息，这种感觉由画面和文字共同承担。一般情况下是画面先出现在他头脑里，然后才会选文字来配，最后是相互修正的过程。人生无常是几米笔下一个非常重要的主题。他说生活里是没有那么多幸福的，也许年轻时是乐观的，但现在的他不是了，所以几米对现代都市人的孤独分外敏感。几米作品里那些没有名字的人与周围的世界总是厚厚地隔了一层，他们处在自我对话的状态，非常沉默地走在都市中。他的人、他的画，似乎有一种魔力让我们爱不释手，而几米在线阅读也给我们提供了一个更大的空间。

❖在线阅读

在线阅读以图文并茂的形式让我们通过网络再次感受《月亮忘记了》《向左走，向右走》《地下铁》《微笑的鱼》《照相本子》等的魅力。童话般的版面让我们有了与纸质图书不同的感受。

❖几米下载

几米下载为喜爱几米漫画的中小学生朋友们提供了大量的漂亮墙纸，都是漫画中的可爱画面，可以免费下载。另外，还提供了所有已出版图书的电子版，可以在线阅读或下载，也可存储在自己的电脑里，可以脱机阅读。

其他中小学数字图书馆（中文版）网址如下：

数字图书馆名称	网　址
超星数字图书馆	http：//www. ssreader. com
图书馆远距图书服务系统（台湾）	http：//www. read. com. tw
香港教育城	http：//www. hkedcity. net
中国科学院 CADAL 数字图书馆	http：//www. ulib. org. cn/zh – CN/
中国数字图书	http：//www. d – library. com. cn
我爱阅读	http：//www. 52ebook. com

三、学英语巧助手

现在，英语不仅是我们学习的一个工具语言，更是与人交往、提高自己的一个有利途径。在我们的英语学习中，不少同学笔下工夫很强，一开口就心虚了，聋哑英语成了很多同学的障碍。说一口流利的英语，不再把英语当作外语，而像自己的母语一样用得自然、贴切，也许是我们每个人的梦想。

其实，英语和汉语一样，是要靠积累和练习的，可能学习英语的每个人都会有这样的感受。学习汉语的时候，大家好像不觉得自己是在学习，在日常生活中见得多了听得多了，自然就可以开口说话了。好像没有谁去刻意地练习说话或者听力。英语学习也是如此，关键是我们要有一个很好的语言环境，有了身临其境的感觉，把说英语当作一种习惯，自然也就可以像自己的母语那样运用自如了。在学校里，我们有一起学习的老师和同学，营造英语的气氛并不是很难的事。但在家里，没有了学校的环境，所以我们要善于自己创造环境。

互联网上有不少官方网站或者个人主页都有一些英语学习的网页。这些网站不仅给我们提供了学习英语的方法、学习工具，更重要的是创造了一个用英语交流的平台，让我们在自由轻松的氛围中提高了应用英语的水平。目前，与中小学英语学习有关的网站不下百种，我们要根据自己的需要选择适合自己不同风格的网站。

1. 不同风格的英语学习网站

（1）旺旺英语（www. wwenglish. com）

这是一个资料很全的热门英语网站，提供从中考、高考等应试英语到商务、行业英语等实用英语的全方位辅导。旺旺英语主页如图 3－17 所示。

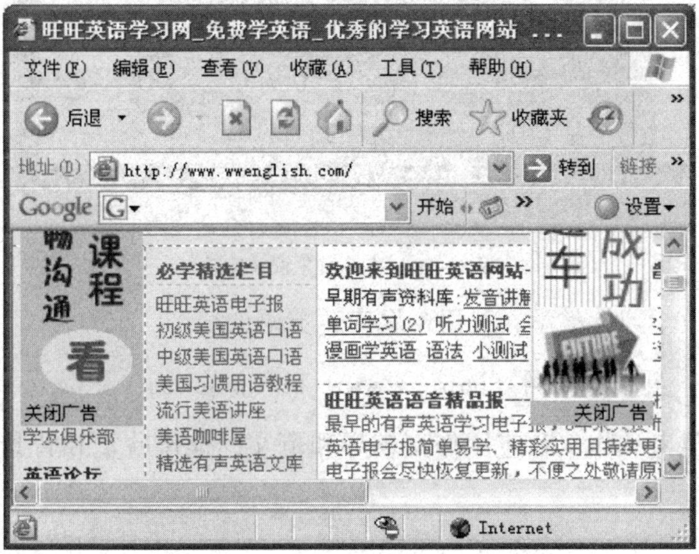

图 3－17　旺旺英语主页

（2）英语辅导报社网站（www. ecp. com. cn）

此网站收录了大量英语学习资料，而且难度设置上也很适合中小学生阅读，有助于扩大知识面，提高英语应用能力。具有紧扣教学、同步辅导、精讲精练、实用高效等特点。英语辅导报社网站见图 3－18。

2. 其他英语学习网站及特点

（1）洪恩在线——轻松英语（http：//www. hongen. com/eng/）

图 3-18　英语辅导报社网站

英语学习含教学、科研、题库、英语论坛。

（2）英文写作网（http：//www. 4ewriting. com）

提供考试作文和应用作文辅导和范文、佳作欣赏和背景文化的网站。

（3）夏恩英语学院（http：//www. shane. com. cn）

夏恩英语学院是一所来自英国的国际专业语言教育机构，有在线视听和影视，以及夏恩英语乐园。

（4）锐角英语（http：//www. aasky. com/english/index. asp）

初级美语教程、中级美语教程、慢速英语、标准英语在线听，交流英语学习经验的锐角论坛。

（5）英语网（http：//www. yingyu. com/）

收集了中小学生学习英语的方法，是英语学习培训的门户网站。

（6）英语沙龙（http：//www. es123. com）

优秀的英语学习辅导杂志《英语沙龙》的网上站点，含有声阅读、越洋对话、沙龙论坛等栏目。

（7）空中英语教室（http：//www. studioclassroom. com. tw/）

是广播节目空中英语教室的在线网站，提供英语学习辅导和趣味英语学习教程。

其他国内常用英语学习网站网址：

英语学习网站	网　址
疯狂英语俱乐部	http：//www. crazyenglish. org
新东方教育在线	http：//www. neworiental. org
索古特英语	http：//www. sogood. cn/Index. html
英语周报	http：//www. ew. com. cn/
英语角	http：//www. eng－corner. com
英文早报	http：//gzmp. dayoo. com
大山在线	http：//www. dashan. com. cn
英语时空	http：//www. yysk. net
新知堂	http：//wz. iciba. com/site_ 6209. html
POP 英语	http：//www. popkids. com. cn/default. aspx
戴尔国际英语	http：//www. dellenglish. com/

3. 在线翻译网站

学习、生活中遇到的很多词汇属于专业词汇，平时用的次数并不多，因此我们也没有必要专门地花大量时间学习用处并不大的词汇，只要借助相应的在线翻译网站就可以了，快速、及时、准确的答案即可出现。

（1）外语时空——多语言在线翻译网（www. russky. net）

外语时空网站初建于2000年，2002年3月改版。网站内容丰富多彩，是广大外语学习者学习、交流的场所和商务平台。该网站提供多种语言的在线翻译服务，主要有日语、韩语、法语、德语、西语、意语、葡萄牙语、阿语、英语等。另外，还提供相关软件的免费下载服务。主要栏目有“在线视听”“在线翻译”“在线考试”“外语商城”“时空论坛”“时空聊天”等。网页界面也相当简洁，如图3－19所示。

图3－19　外语时空在线翻译网

（2）金山词霸在线翻译（www. iciba. com）

相信大家对金山词霸应该不陌生，很多学生用的电脑上一般都安装了金山词霸。它界面简洁，比较适合英语初学者。界面如图3－20所示。

图3－20 金山词霸在线翻译

其他在线翻译网站：

在线翻译网站	网 址
金桥快译世界通	http：//www. netat. net
日文翻译	http：//www. netat. net
英语、日语、俄语、德语	http：//translate. ru/eng/srvurl. asp
有道翻译	http：//fanyi. youdao. com

小知识 网站的在线翻译服务主要分为三种，即网站网页即时翻译、文本翻译（文本即时翻译和文本邮寄翻译）、电子邮件即时翻译。一般来说，文本即时翻译快速方便，但有总字节限制；文本邮寄翻译则可以处理大容量文本，需要将正文或附件发往指定的电子信箱。文本邮寄翻译同样是机器自动翻译，但它是离线翻译机，收到译文回复邮件的时间和文本大小有关，一般情况下不会超过10分钟。

四、电子图书与电子期刊

大家习惯了满是书架的图书馆或书城，习惯了飘着墨香的纸质阅读，也许大家会感觉把好多本书保存在一个体积小、重量轻的容器上，是多么的不可思议！是啊，网络出版的发展将我们引入一个奇妙的世界，也给我们的阅读方式带来了一场新的革命。EBook、POD、E－READ，你又了解多少？你知道电子期刊吗？让我们一起走近它们……

1. 走近电子图书

电子书，即电子图书、E书。它是利用现代信息技术创造的全新出版方式，就是将传统的书籍数字化、网络化。它以一种全新的出版方式，突破了传统书籍的含义。电子书的特点在于，它能透过内容的超链接（Hyperlink），不断地让读者进一步去发掘更翔实的资料。

（1）电子图书的格式及阅读软件

Acrobat Reader6 中文版用于阅读 PDF 格式的电子图书。

华康阅读器用于阅读 WDL 格式的电子图书。

超星阅读器用于阅读 SCR 格式的文件。

IE 或 NETSCAPE 用于阅读 TML 格式的文件。

WORD 用于阅读 DOC 格式的文件。

我们要根据不同格式的电子图书选择不同的阅读软件。

（2）电子图书阅读器

与传统出版物的阅读方式不同，电子图书的阅读除了有阅读软件的要求，还有一些硬件要求，即需要通过特定的阅读器才能阅读。电子图书阅读器即 Electronic Reader，简称 eReader，是一种手持离线阅读电子书的专用设备。

国外目前已经上市电子图书阅读器产品有：火箭书（Rocket - eBook），由美国新媒体公司（NuvoMedia，Inc.）生产；软书（Soft-Book），由美国软书出版公司（SoftBook Press）生产；2000 年上述两家公司归属宝石星公司（GemStar），该公司推出 REB 1100（黑白）和 REB 1120（彩色）；还有 GlassBook 和 EveryBook。法国 Cytale 公司生产的 cybook（彩色），美国的 GoReader，Hiebook 等。国内有倍受关注的掌上书房（Qreader），由辽宁秦通电子图书技术有限公司生产，是国内第一部真正的电子阅读器。国内其他产品并非真正的电子阅读器，只不过具有一部分阅读功能而已。

（3）掌上书房

掌上书房是国内第一部独立开发的电子书阅读的离线阅读设备。它采用流线型设计，具有时尚色彩，功能强大，拥有国际一流技术，是国内电子阅读器的顶级产品。见图3－21。

图3－21　掌上书房

掌上书房采用6寸高分辨率的黑白液晶触摸显示屏，并且带有5级白背光，可根据环境亮度调整背光亮度，在夜间阅读不用外界照明。字体可进行2级缩放。质量在400克左右。电池采用可充电锂电池，在打开背光的条件下可连续使用10小时。硬件设计采用超大内存（32M），可存图书50～60本，2000万字左右。

掌上书房还为用户提供了大量的附加功能，如：2小时的数码录音、MP3播放、科学计算器、记事本、电话本、收发电子信件、万年历、世界钟、自动报时闹钟设置、历史上的今天大事记、中文字库（五种字体加数学及特殊符号矢量字库）、计量单位的换算、预置游戏也可从网上下载。面向学生的还有百科题库。硬件设计有USB接口，可接180M CD－ROM. 红外传输口和SMART卡卡座。

（4）电子书包

电子书包是学生专用的互动式学习终端电子阅读产品。电子书包可提供电子书的存储、阅读、上网学习、资料搜索，并为学生提供个性化服务，同时具有通讯、字典、个人信息管理、日程管理、数字录音、MP3 播放等诸多功能，是先进软硬件技术与优质内容服务的完美结合。它能够有效保护视力，减轻书包重量，增加书包容量，提高学习效率。如图 3－22。

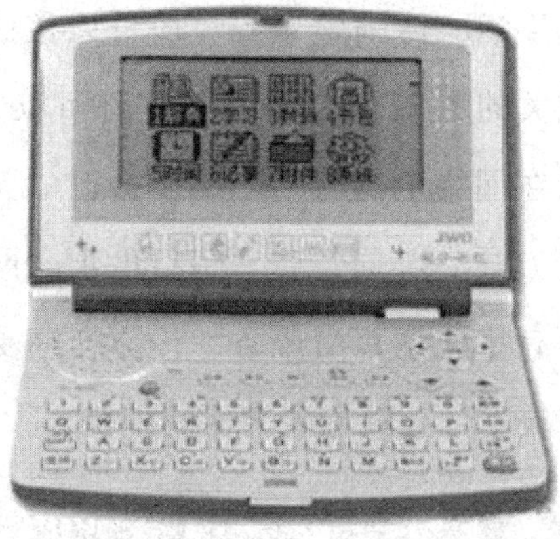

图 3－22　电子书包实物图

（5）电子图书下载网站介绍

网络出版和电子图书的发展是近几年的事，国内第一家涉足电子图书出版的出版社是辽宁出版集团，也是第一家全面进行电子图书操作，并首先推出功能最全面的中文电子图书阅览器——掌上书房的公司。这里着重介绍其配套的电子图书下载网站——中国电子图书网。

中国电子图书网（http：//www. cnbook. com. cn）是为配合辽宁出版集团数字化网络出版战略所建的大型网站。该网站依托实力雄厚的传统出版业，努力推动中文数字化网络出版与服务事业。作为国内涉足电子图书较早的公司，辽宁出版集团拥有数量可观的经营品种及有优秀的员工队伍，保证了产品的内在质量。

中国电子图书网设有“资讯”“网络出版”“E 书超市”“书房”“图书查询”“阅读器”等栏目。该网站不仅提供大量有关网络出版、电子图书方面的知识，而且还提供图书查询服务并有新书推荐、下载排行等，使你的阅读有参考的对象。图书分类有政治、军事、文学、法律、家庭生活、休闲娱乐等，还可以按照书名、作者、出版社、书号查询相关的图书。在“书房”，你可以享受更多贴心方便的个性服务，可以在网络上拥有一个属于自己的无限制的书房。下载电子图书的付费方式有邮局汇款、银行电汇、网上支付和币值支付。另外该网站还有优质的售后服务，让你在享受高科技阅读带来的便利之外，免去技术、故障等各方面的担忧。

小知识

节约家庭的藏书空间，PC 和 CD－ROM 上可存放的图书量可以说大得惊人，现在的阅读器上可存储上百部甚至更多的书（目前最大的容量为 1000 部）。

阅读时可随处做笔记、批注、画线、圈注、划亮、加书签等，不用后又可以随时取消，干干净净不留痕迹。

便于携带，无光线要求，在无灯光或者光线很暗的环境也能阅读。在学校宿舍，可以熄灯阅读。

2. 电子期刊

作为覆盖全球的网络，在传播信息方面具有独特的优势。随着电子出版物的飞速发展，电子出版物网络化已成为现实电子期刊。电子期刊与电子图书一样，也是电子出版物的一种。电子出版物是指以数字代码方式将图、文、声、像等信息存储在磁、光、电介质上，通过计算机或类似设备使用，并可复制发行的大众传播体。目前，适合中小学生阅读的电子期刊主要有杂志的光盘版和与纸质杂志对应的电子版。

电子期刊的阅读不像电子图书那样对软件和硬件有所要求，它不需要借助一定的阅读软件和阅读器，直接利用光驱或者在线就可以阅读。与纸质期刊相比，电子期刊有效利用了多媒体技术，使期刊的画面更生动直观、形象逼真，视觉效果好。另外，利用网络的无限性，其存储空间是不受限制的，信息容量更大，克服了纸质期刊受篇幅、版面的限制的缺点。但由于技术等各方面的原因，目前我国的电子期刊发展水平并不高，只是停留在纸质期刊机械的网络化的层次。

（1）《课堂内外》杂志电子版（http：//www. yesnew. com/）

《课堂内外》由教育部关心下一代工作委员会主办，1979 年在改革开放中创刊，荣获“全国优秀科技期刊奖”。1999 年、2001 年蝉联重庆市第一届，第二届“十佳期刊”称号。2001 年进入“中国期刊方阵”。《课堂内外》系列期刊包括《课堂内外·小学版·初中版·高中版》《中学生电脑》《新作文》《世界儿童》《高考金刊》等7 种中小学生期刊读物。见图 3－23。

（2）《中学生》杂志电子版（www. ccppg. com. cn/a/ccppg/zxs/index. htm）

《中学生》是一本有悠久历史的全国名牌刊物，创刊于 1930 年 1 月，由我国著名教育家夏丏尊、叶圣陶创办，共青团中央主管，中国少年儿童新闻出版总社主办，是我国第一家专门为中学生创办的综合性读物（图3－24）。目前，《中学生》杂志发展为两个版本，

图 3－23 《课堂内外》杂志电子版

一本是《中学生》为综合内容，宗旨是“以知识为本，与时代同步为校园剪影，和青春作伴”引导读者求知做人。主要栏目有“青春，COM”“情感季风”“人生攀岩”“科技视窗”“与成功者对话”“点

图 3－24 《中学生》杂志

子公司”“知识快餐厅”等。另一本是《中学生》作文版，指导学生写作，发表名家、学生作品，引领阅读欣赏，指导中高考复习。

五、考试零距离

适合中小学生的考试信息网站主要包括招生信息、教育政策、最新教育动态、校园信息等方面的资讯，是青少年学生了解教育信息的有力窗口。

1. 中国招生考试在线（http：//www.gk114.com/）

该网站建立的目的是为有志于学习和进步的考生们提供一个可以互相交流、互相帮助和互相学习的教育社区。网站的设计是以考试为背景，以各种考试为线索设计版面，借此推出一个个分类后的考试专栏，供青少年学生定位生活与学习。见图3－25。

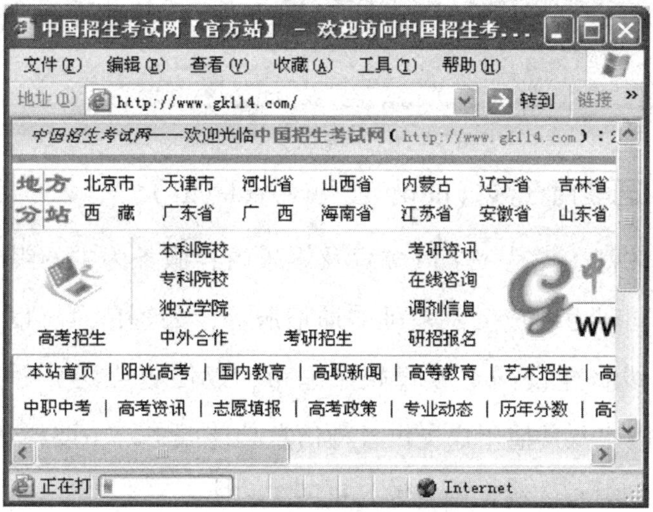

图3－25　中国招生考试在线网

2. 千龙教育网（http：//edu. qianlong. com）

千龙教育网是一个综合的大型资讯网站，主要栏目有教育新闻、人才、培训、考试、学吧等。内容涉及学习方法指南、招生考试政策和信息、校园故事、教育专题等。千龙教育网主界面见图 3－26。

图 3－26　千龙教育网主界面

3. 中国教育在线（http：//www. eol. cn/）

中国教育在线是一个以教育及娱乐内容服务为主的综合信息服务平台，同时为用户提供基础的通信服务，如短信息、信箱等。中国教育在线将建设网上教育娱乐超市，以便更广泛、更方便地为 CERNET 用户及其他用户提供各种信息功能服务。主要栏目有留学、招生、学习中心、教育产品等。见图 3－27。

图 3－27　中国教育在线网

4. 中小学教育网（http：//www. g12e. com）

中小学教育网是国内最大的中小学生教育培训及教师、家长培训网站，常年开设中小学各学科、竞赛培训等网上辅导课程，以及教师、家长网上培训课程，是一家致力于为中国中小学教育教学服务的专业门户网，涵盖了中小学教育教学的各个方面，内容包括但不限于教育教学用的资源、教案、试题、素材、软件、论文，教育新闻等信息。见图 3－28。

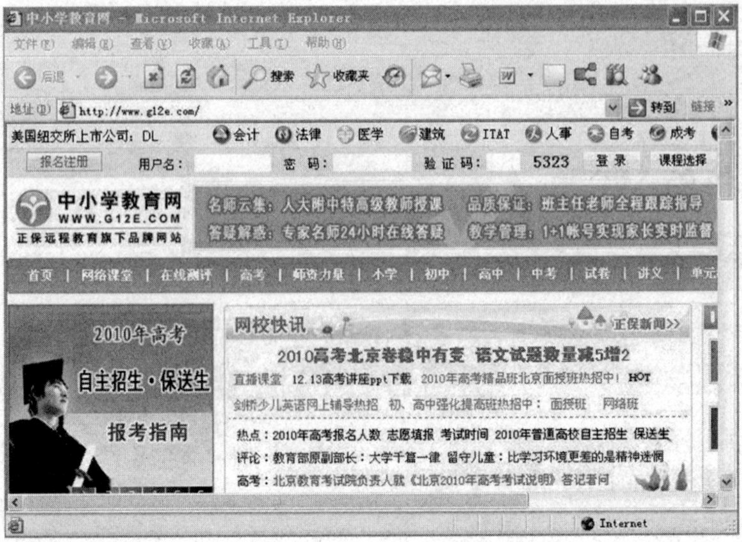

图 3－28　中小学教育网

案例1

程航是小学五年级的学生，这个寒假老师布置了一个作业：关于春节，你知道什么？而且在开学时，每个同学都要上台讲解。

年轻的爸爸、妈妈对春节文化似乎知之甚少，爷爷奶奶对春节的记忆也显得支离破碎。于是程航来到了中国知网。

首先，进入《工具书在线》，输入关键词“春节”，有 26 部工具书描述了有关春节的知识，包括春节的来历、流变、习俗……程航对《中国风土谣谚释》中关于春节的一组谚语最感兴趣，于是复制下来了。之后又扩大范围搜索了 3000 多条有关春节的知识。同时通过链接了解了“腊八节”“填仓节”“端午节”等等相关知识，阅读这些内容能很好地补充和拓展程航的知识面。

接着，程航又通过“CNKI 搜索”，用“春节”“春节的礼仪”“春联”“拜年”“春节的来历”等关键进行检索，小程航真正饱尝一顿春节大餐。

开学时，程航选择了有关春节的谚语和典故进行了讲解，程航讲得有声有色，同学们听得有滋有味。后来，程航的春节知识内容成为了新学期的第一期黑板报。

案例②

一堂作文课激活了我的学习热情

作者：陈叶倩

对我这个普通中学又成绩平平的高中生来说，读书只是无尽的疲惫和压力。

在课堂上，我是一个很沉默的学生，我从来没有想过要主动回答问题。这10年的课堂训练，我已被训练得像机器人似的，只知道面无表情地听课、一字不漏地记下老师的板书。个人的思想感觉和兴趣在这里从来就不重要。每一堂课都这样周而复始地进行着，我的学习热情也就这么一点一点地消磨着，但为了考上父母期盼的大学，我还得这么苦熬着。我每天都梦想着有仙子下凡来拯救我这个受苦受难的女孩。本学期中考后，终于梦想成真。

那是一堂不同以往的作文课，张老师没有给我们出统一的作文题，而是要求我们自己选题，写一篇评论，可以评论一个历史人物或历史事件或喜爱的书籍等，要求对选择的人和事件进行深度研究；这堂课，张老师也没有告诉我们先写什么后写什么，而是要求我们通过图书馆、网络或其他途径查资料，下周作文课时再讨论各自的选题和作品。老师简单的点拨指导后，我们分两组交替着去学校图书室和网络教室查资料了。因为我喜欢张爱玲的小说，所以我选择了张爱玲作为研究对象。

说实话，在图书馆和网络教室历经两个课时的折腾，我没有收获。尽管网上资源丰富，但都不是我要的。学校图书室除了几本我早已看过的张爱玲小说外，再没有别的。好在我有表姐在中国人民大学附属中学教书，我想重点中学的图书应该比较丰富吧，于是托表姐借这方面的书，但表姐说她们学校购买了“中国知网”，直接在她家里上网就可以查到大量的资料。

放学后，我半信半疑地去了表姐家。表姐熟练地进入中国知网，告诉了我几种检索方法，我就开始自行检索了。我通过标题检索途径输入了“张爱玲”，检索出有关张爱玲的文章300多篇，如《张爱玲的苍凉世界》《荒凉与悲哀——张爱玲文化心态的文本解读》《张爱玲小说的文化品格》《挖掘人性的最深处——谈张爱玲的短篇小说》等等。张爱玲的成名作《金锁记》是最有影响的，我又输入了“金锁记”三个字，查找出《独特的人物形象、杰出的语言艺术——评张爱玲小说〈金锁记〉》《凋零变态的生命——谈张爱玲小说〈金锁记〉》《〈呼啸山庄〉与〈金锁记〉情感世界之比较》等等若干文章。我“贪婪”地浏览下载打印并汲取着我所需要的知识。为了使我得到的材料更详尽，对人物的分析更深刻，我印象中胡兰成这个人对张爱玲的一生都有重要影响，所以又抱着试试的心态输入了检索词“胡成兰”，竟然检索到了《论张爱玲与胡兰成之恋》《把生命走的沉甸甸——张爱玲论》这些文章，大大丰富了我个人对张爱玲的研究资料。对这些文章进行研究后，我胸有成竹地开始了我的作文，我发现这次写作文真正体验到了“下笔如有神”的感觉，居然一口气写下了4000多字。第二周作文课时，我主动要求讲解我的作品和研究成果，这是我第一次主动要求在课堂上发言，张老师在一阵惊喜又疑惑之后，将我请上了讲台。我的表现令张老师及所的同学惊叹。因为那天的我与以前大家印象中的我确实太不一样了。

就是这样一堂作文课，使我突然觉得天是那么蓝、心情是那么的轻松、学习是那么的美好，我的学习热情就这样被激活了。

——摘自中国知网（http：//www.cnki.net/）

第四章　你来我往——有朋不亦乐乎

通过 Internet，你可以进入聊天室服务器，或者使用功能强大的即时聊天软件，与全国乃至世界各地的朋友们通过文字、声音，甚至是视频形式进行实时交谈，也可以通过 Email 和朋友书信往来，享受交友的乐趣。古人有“有朋自远方来，不亦乐乎”，今有“你来我往，有朋不亦乐乎哉”。

一、Q 你 Q 我——缘来有你

中小学生朋友正处于身心的成长发育期，广交朋友可以使他们性格开朗，心理健康，但是现在的都市生活模式，却是与之背道而驰。高楼大厦，使得孩子回到家里，常常一个人闷在屋里，没有人可以交流，外出上学一天所得的喜怒哀乐，也没有人可以和他一起分享。长此下去，必然影响中小学生朋友的健康成长。而互联网的出现，一定程度上可以解决这一问题。因为通过互联网，孩子们可以足不出户地与全国各地的朋友进行交流。这样，孩子们在现实生活中的交流障碍，在网络的虚拟世界里就荡然无存了。但是，互联网上的聊天室和聊天软件五花八门，良莠不齐，也充斥着各种不良信息，对于没有什么社会经验的孩子们来说，必须要有一个正确的引导，使得他们在聊天交友的同时，避免遭受不良信息的侵害。

在本节中，我们将简单介绍常用的聊天交友软件——腾讯 QQ 和相关的网络服务。

腾讯 QQ 是一款基于 Internet 的即时通信软件，由深圳市腾讯计算机系统有限公司开发，是一款免费聊天软件。你可以使用 QQ 及时和网上的朋友取得联系，一来一回和打电话一样方便及时。当然，你如果想用 QQ，必须下载安装并安装该软件，然后还必须获得一个 QQ 号码才能使用。就像你想打电话必须有一部电话机和一个电话号码一样。

下面我们就看看如何顺利使用 QQ 和朋友们交流沟通。

1. 腾讯 QQ 的安装与登录

请注意，使用腾讯 QQ 前必须将其下载并安装到计算机中。

下载：打开腾讯 QQ 下载网站（http：//im. qq. com），单击“立即下载”，将最新版本 QQ2009Beta1，下载到本地机的指定文件夹中。图 4－1 所示。

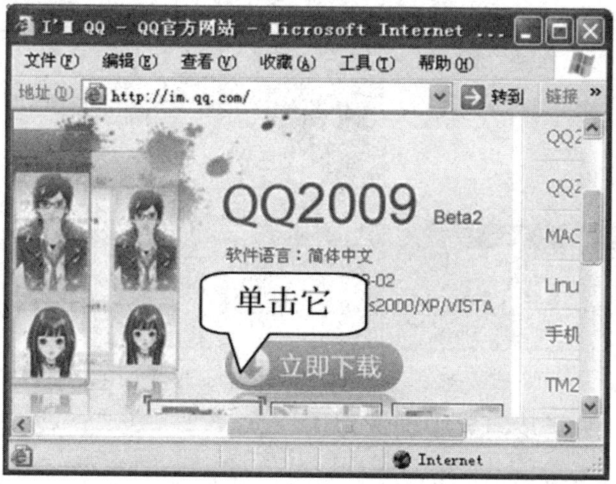

图 4－1 下载 QQ 软件

安装：具体步骤是，双击已经下载到你的电脑中的 QQ 安装程序（见图 4－2）。稍候，便会出现如图 4－3 所示的窗口，这里专门强调了中小学生朋友在上网聊天时要注意的事项，大家一定要仔细阅读哦！单击“下一步”。

图 4－2　双击 QQ 安装程序

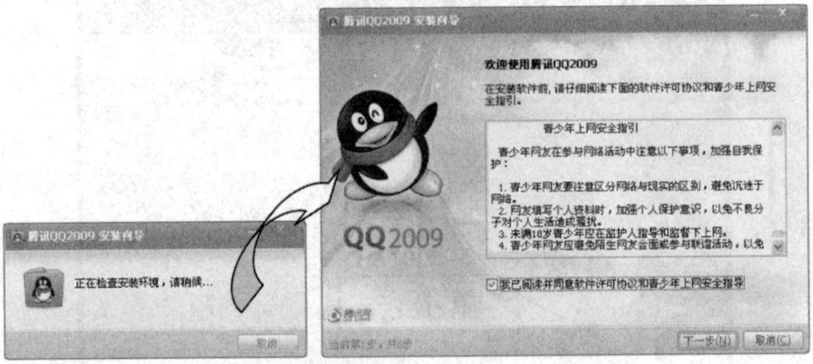

图 4－3　青少年上网安全指引

在随后的安装向导中连续单击三次“下一步”，在“安装完成”窗口中单击“完成”，QQ 安装完毕。随后弹出 QQ 登录界面。如果你已经有 QQ 号码，可以输入 QQ 号码和密码进行登录。

如果还没有 QQ 号码，请单击“注册新账号”。如图 4－4 所示。

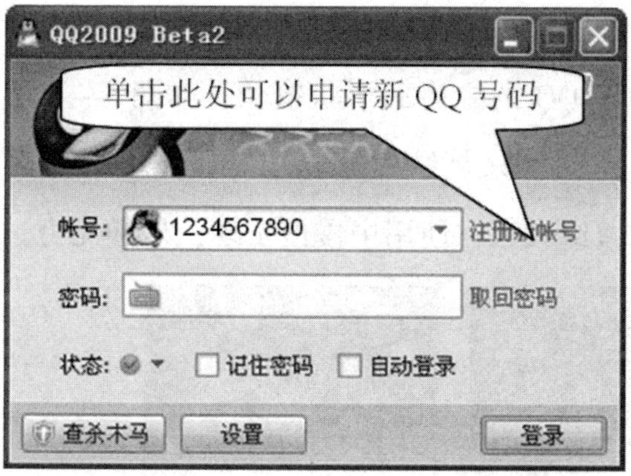

图 4－4　单击“注册新账号”

详细填写个人资料后，点击网页最下面的“下一步”图标，稍等片刻，如果同时在线申请的人过多，网页会提示你稍等一下再来，点击浏览器的“后退”按钮回到注册信息。如图 4－5 所示。

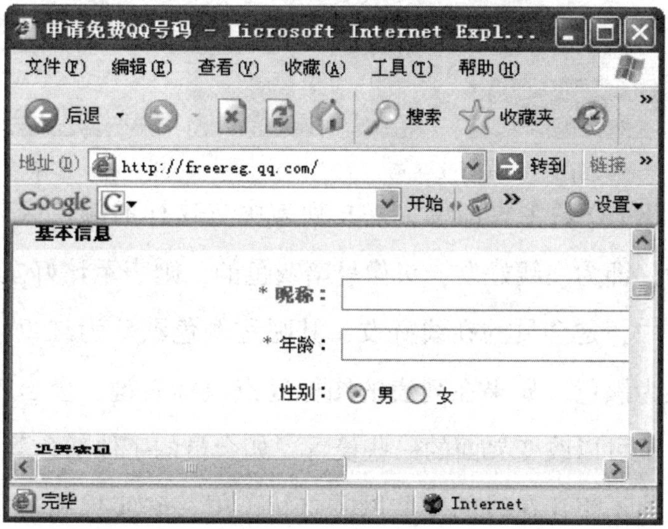

图 4－5　填写个人资料

申请成功后，我们就拥有了 QQ 号码，就可以开始使用它和朋友联络了。

让我们打开登录界面，输入账号和密码，单击登录，打开了 QQ 的主界面。腾讯 QQ 的主界面形状狭长，如图 4－6 所示。QQ 功能非常的齐全，在这里只是给大家介绍一下 QQ 的界面和基本使用，其他高级功能留给大家在使用中慢慢发现，乐趣无穷。

图 4－6　QQ 主界面

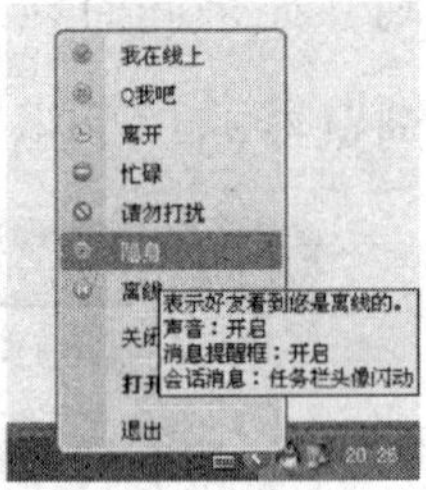

图 4－7　选择“隐身”

在腾讯 QQ 的主界面中，好友列表中有这样的颜色区分：头像是彩色的，即为在线好友；头像呈暗灰色的，则表示该好友不在线。在线好友中，是会员的在线好友，其昵称颜色默认为红色，非会员好友默认为黑色。如果在列表的图标处点鼠标右键，会出现下拉菜单，在这里可以改变界面的一些设置，如会员的字体颜色等。

如果你不想让在线的某些网友打扰，但又确实想和其中几个网友交流，可以选择“隐身登录”，这样你的 QQ 好友看到你的头像仍然是灰色的，以为你不在线，就不会给你发消息了，但是你可以正常使用 QQ 的部分功能，不受影响，如图 4 – 7 所示。

QQ 号码成功登录后，大家先不要慌着聊天，来看看 QQ 使你的桌面发生了哪些变化。大家注意屏幕右下角 Windows 任务栏出现一个 QQ 小企鹅图标。这个图标在使用 QQ 的时候，用来显示与切换 QQ 当前的状态，起着重要的作用。如图 4 – 8 所示。

离开	离线	忙碌	在线	静音	隐身	Q 我吧

图 4 – 8　QQ 小企鹅图标

登录 QQ 以后，任务栏上的企鹅图标可能会出现以下几种状态。

离开：登录成功，但你有事情暂时离开，QQ 将按你自动回复设置自动回复给你发消息的好友。

离线：登录没有成功，或者你主动切断了 QQ 与网络的连接。

忙碌：选择该状态时，表示当前你正处于忙碌状态，不能即时或不太方便与好友交流，但可以接收消息。

在线：表示登录成功，你的 QQ 好友上线时 QQ 会提示你。

静音：意思是告知好友你当前不想聊天。当好友打开聊天窗口，向你发送消息时，聊天窗口将提示为“对方状态为静音。”

隐身：登录成功，但你的好友看不到你在线，选择这种方式可以防止被人打扰。

Q 我吧：你选择该状态时，表示你有充足的时间，并有强烈的交流欲望，非常希望与 QQ 好友即时聊天。

无论 QQ 处于哪种状态，用鼠标左键单击屏幕右下方的 QQ 企鹅图标，就会出现一个状态切换菜单。你可以根据自己的状态进行相应的设置。

小知识

聊天软件只有 QQ 吗？当然不是了，还有新浪 UC 和 MSN 等，其中新浪 UC 在国内使用广泛，而 MSN 主要在全球范围内使用，虽然它们的使用范围不同，但其功能和使用方法类似。

2. 腾讯 QQ 程序的设置

此外，开始聊天之前，对软件中的各种设置项目也是必须要了解的，只有设置得当才可以保证我们在网上的安全。下面我们就来看如何进行设置。

双击 Windows 任务栏，出现一个 QQ 小企鹅图标，将主界面显示出来，然后在主界面中单击“系统设置”按钮菜单选项，如图 4－9所示。就会弹出 QQ 的“系统设置”对话框，如图 4－10 所示。

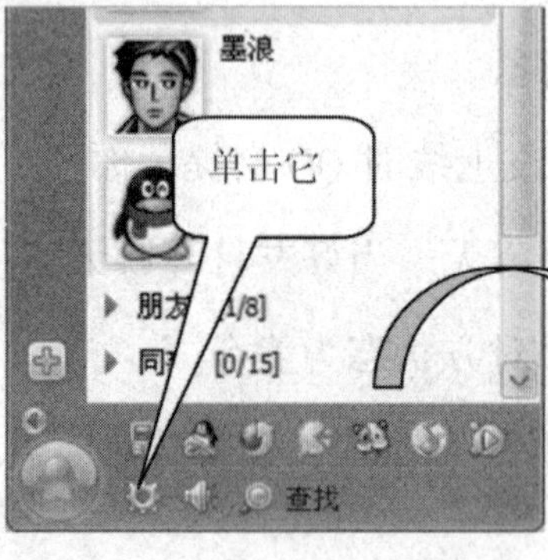

图 4－9　单击“系统设置”按钮

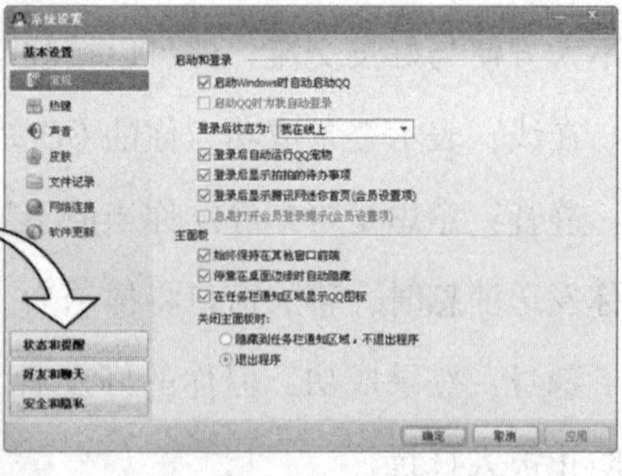

图 4－10　“系统设置”对话框

（1）基本设置

❖常规

包含“启动和登录”和“主面板”两项（如图4－10），这两个设置主要进行启动和运行时的常规状态设置：只需打上钩就可以进行多种个性化的设置，如“弹出消息”“自动登录”，以及“在任务栏中显示图标”。如果我们将腾讯QQ“在任务栏中显示图标”功能的选项屏蔽掉，QQ再开启后不会出现在任务栏中，而仍然可以通过设置好的系统热键将其呼叫出来。选择“以隐身方式登录”登录后，其他的网友是看不见你的，但如果你想要聊天的对象也处于这种状态，你们可能就见不到了。

❖系统热键

QQ允许我们用系统热键的方式代替鼠标操作，这样可以大大提高交谈的节奏。热键指的是打开QQ消息的热键，大家可以由自定义使用键的组合打开QQ消息，默认的是Ctrl＋Alt＋Z。设置提取消息的按键是F12。如图4－11。

❖声音

“声音”设置可以设置QQ在活动状态时的声音效果。比如客户消息、系统消息、新上线、切换组的声音。客户消息的声音就像传呼机发出的声音，表示有人发送信息给你；系统消息的声音是咳嗽声，提醒你有人加你为好友；新上线的声音是敲门声，表示此时有你的好友上线；切换组的声音很像照相机卷片的声音，在你每次切换组群时发出。我们在这里可以听一听这些声音，并决定是否改用其他声音，如果有兴趣还可以自己制作并使用声音文件。新版的QQ

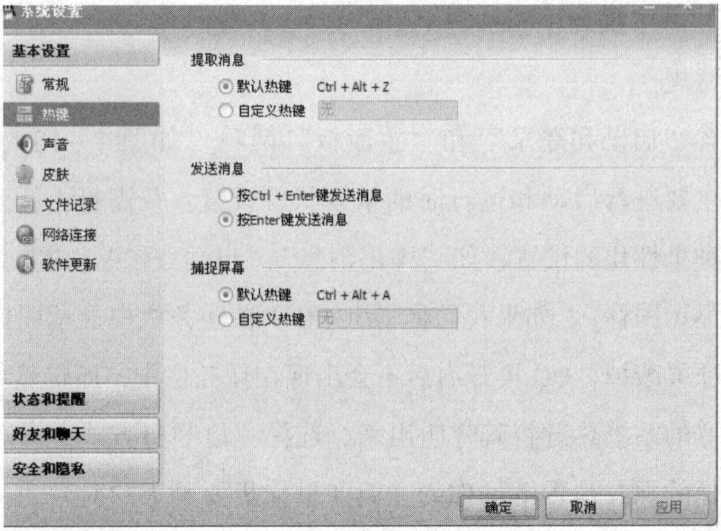

图 4－11　热键设置

有独特炫铃设置，可以让自己登录或者下线等的声音变得与众不同。如图 4－12 所示。

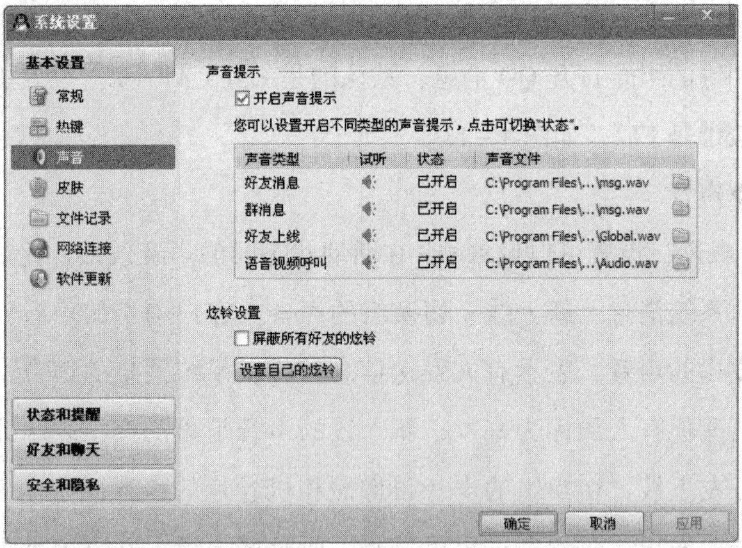

图 4－12　声音设置

在常规选项中，还有“皮肤”“文件记录”“网络连接”“软件更新”，设置方法相对简单，大家可以去试一试哦！

（2）状态和提醒

在这里，我们主要来看看“回复设置”中的有关选项。

❖回复设置

“留言设置”可以设定暂时离线时自动回复发送者的留言，还可以设置快捷回复消息的短语消息，对于只需简单回复的消息就不必打字了。

“自动状态转换设置”，我们可以设置当自己的电脑在一段时间之内没有任何操作时，QQ自动转为离线或隐身的状态。如图4－13。

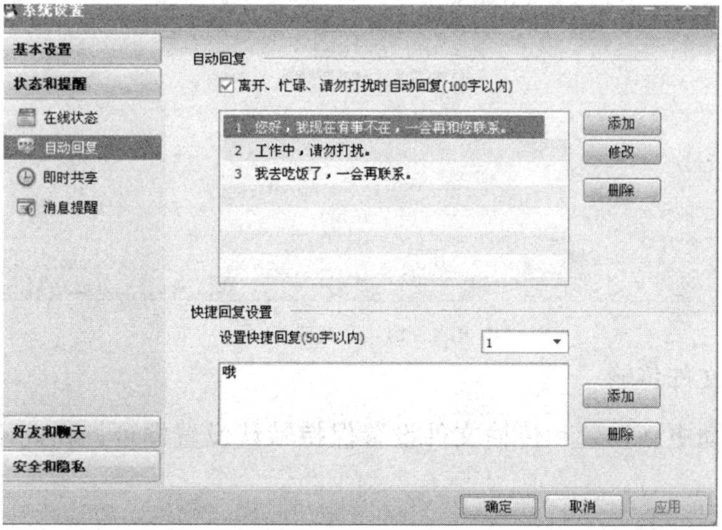

图4－13　自动回复设置

除此之外，另外还有在线状态、即时共享和消息提醒三项个性化设置，留给大家来探索吧。

（3）好友和聊天

好友和聊天主要包括“常规”和“文件传输”两项设置。

❖常规

新版 QQ 可以针对每个好友设置不同的操作，比如是否设置好友上站通知和为好友网站通知设置特别的声音，甚至还可以专门针对每个好友设置是否在该好友上站的时候自动隐身的功能，或者设置好友上站通知的问候语和自动提示。见图 4－14。

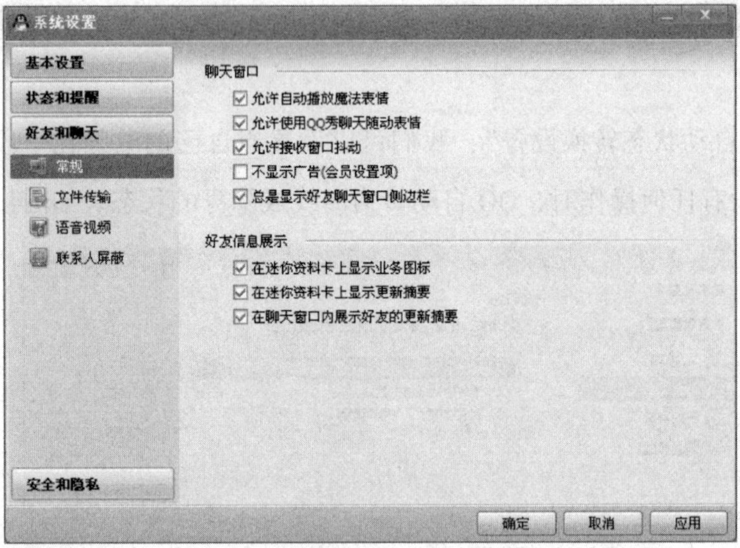

图 4－14　常规设置

❖文件传输

自动更新设置和传输文件设置保持默认设置即可，在此不需要更改。

（4）安全和隐私

安全和隐私包括“安全”和“隐私保护”两项内容的设置。

❖安全

QQ 可以保护你的 QQ 信息不被人窥探，比如你与网友的对话，你的其他资料，尤其你是在公用机器上使用时更要注意。除了你的计算机本身的安全措施以外，比如开机密码，屏幕保护密码，还可以在 QQ 内对其进行安全设置。

❖隐私保护

在用户使用腾讯 QQ 软件的过程中，经常在不知不觉中，被很多用户加入到自己的好友列表之中。导致好友管理会出现混乱，也极易接收到不希望看到的信息，或成为黑客攻击的对象。故设置腾讯 QQ 身份验证，则格外重要。在“隐私保护”对话框中，可以通过设置被“查找条件”和“身份验证”来有效保护用户隐私。见图 4－15。

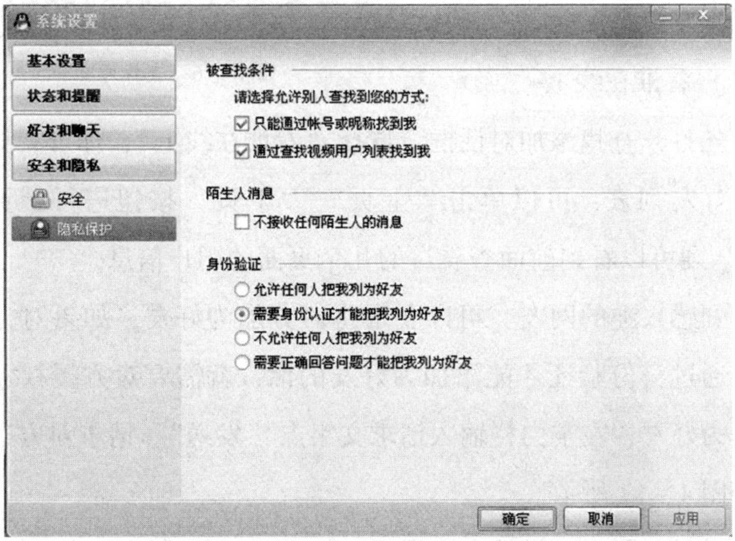

图 4－15　“隐私保护”对话框

3. QQ 聊天

把上述选项设置好了以后，就可以开始聊天了。在你第一次使用 QQ 登录你的新号码时，好友名单是空的。你如果要和其他人联系，必须添加好友。当然，首先你要设法知道你的好友的一些资料，比如他的 QQ 号码、Email 或昵称，你可以首先通过 Email 等其他方式获得，比如你知道对方的号码是 114257 × × × ×，就可以点击 QQ 面板下方的“查找”按钮（如图 4－16），自定义查找该用户号码，再把对方添加为好友，对方通过你的请求验证后，你们两人就可以互发消息了。

图 4－16　查找好友

（1）看谁在线上

首先打开查找添加对话框，选择“看谁在线上”，你可看见分页显示的好友列表，可以单击“上页”“下页”按钮进行翻页。点“全部”则可以看到前面查看过的几个页面的用户信息。

找到感兴趣的网友，可以要求将对方加为好友，如果对方设定了需要通过身份验证才能添加为好友的话，就需要对方授权才能将对方加为好友，在空白栏输入请求文字点“发送”，请求对方通过验证。如图 4－17 所示。

如果对方同意，系统会有提示，加人时可能需要选择一个组。

当然也可能会被拒绝，表现为：对方不给予通过身份验证、返回一个拒绝理由或者设置禁止任何人加为好友。如果对方主动发送消息，他的头像会出现在“陌生人”组中，如果要移到“好友”组

图 4－17 添加好友

也会可能出现身份验证提示框。

如果想限制别人把你自己加为好友，你可以在菜单“系统设置”→“安全隐私”→“身份验证”中设置。

（2）在线分类查找

首先打开“查找联系人”对话框，如图 4－18 所示。单击“按条件查找”，你可设定省份、年龄、性别的范围，然后点击下一步，就会出现符合你查找要求的所有 QQ 用户。

在下面的查找企业 RTX 用户或查找群/校友录用户等高级查找，大家可以自己尝试一下，或者到腾讯公司的网站上详细查看帮助，如图 4－19 所示，这里就不具体说了。

添加了好友以后，就可以开始和对方进行交流了，用鼠标左键点击好友列表中的任何一个头像，都会弹出一个菜单，大家可以看到 QQ 的很多功能，包括基本的收发信息、传送文件、二人世界，还有音频/视频聊天、一起打游戏等等，很多很多。这些功能大家都

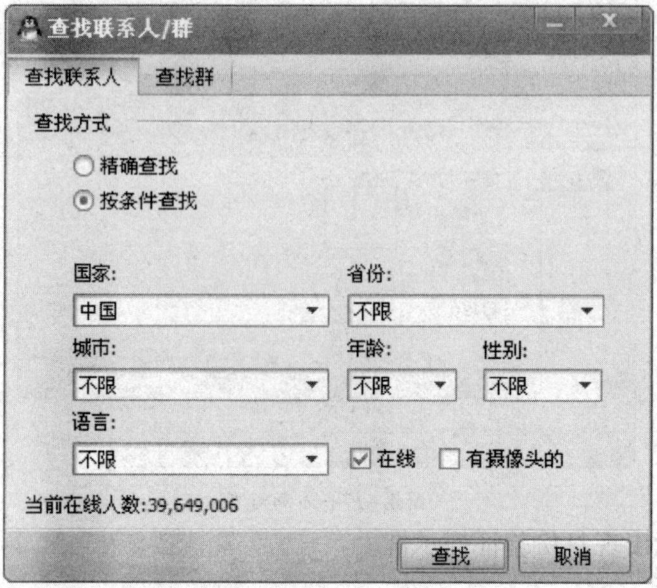

图 4－18　“查找联系人”对话框

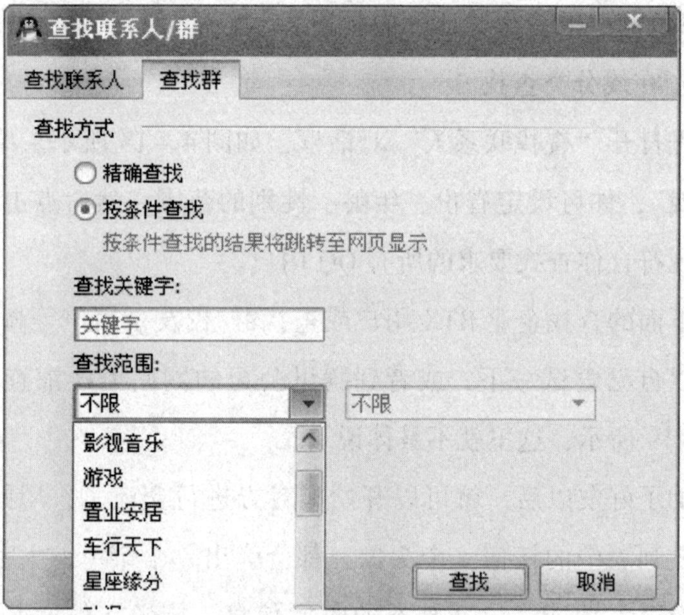

图 4－19　“查找群”对话框

可以自己去尝试着使用一下。由于篇幅有限，在此我们只向大家简单介绍最基本的收发信息的功能。

（3）发送消息

首先你应使 QQ 处于在线状态，然后打开 QQ 面板，双击好友的头像或者在好友的头像上用鼠标左键单击，从快捷菜单中选择“收发信息”，都会弹出一个如图 4－20 的对话框。这个对话框中空白部分可以让你输入文字和选择填入。

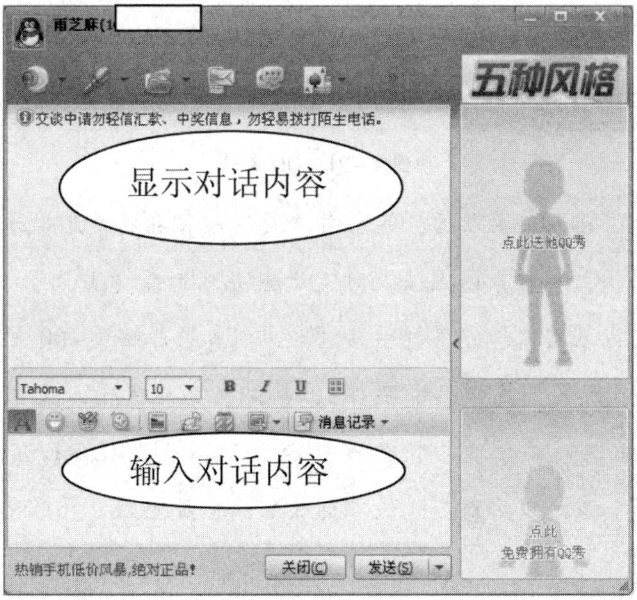

图 4－20　QQ 聊天窗口

发送信息的时候，还可以对输入框中的字体进行设置，如粗体、斜体、带下划线、字体的颜色、种类及大小等。点击“表情”按钮还可以选择各种符号表情，会使发送的消息更生动。如图 4－21 所示。

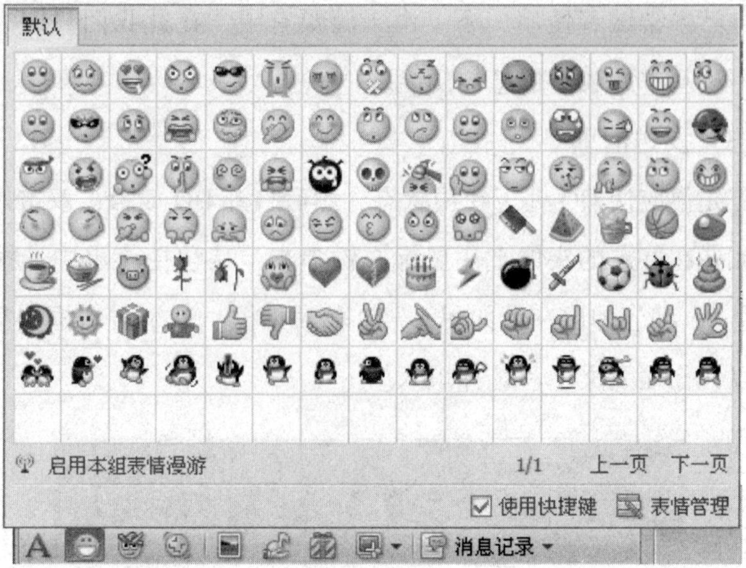

图 4－21　QQ 表情

为你支招　输入文字以后，就点击“发送”按钮将消息发送出去，如果因为某种原因无法及时发送出去可选择“关闭”，输入文字可以从其他地方复制粘贴过来，内容不能超过400个字符（一个字母或者汉字均算作一个字符），粘贴文字或者输入文字超过这个限制会被截去。可以使用快捷键发送消息，“CTRL＋ENTER”或者“ALT＋S”，发送以后对方一般立刻收到，也可能因为网络原因会稍迟一点收到。

（4）接收和回复消息

好友向你发送消息后，如果你的 QQ 是在线的，可以即时收到；如果当时不在线，那么以后 QQ 上线也会收到消息。收到消息后有类似 BP 机的呼叫声的提示，同时在系统托盘出现闪动的头像。该头像是好友的头像，双击该头像即可弹出查看消息对话框。

点击对话框中头像可查看对方资料，回复时输入文字，然后点击“发送”按钮即可。

聊天模式相对消息模式而言，整个对话过程显示得较完整，重要的会话更有回顾的余地，完整的会话记录显示有助于回复内容，不至于因为弄错对象而发错消息。

（5）修改网友名称

如果 QQ 好友组中已经有几百个好友，在和他们聊天时，可能会忘记了他们的真实姓名，为了永远记住好友名字，可将他们的网名修改成他们的真实名字并保存在 QQ 中。下面，我们来把 QQ 中的好友网名修改成他的真实姓名。

第一步：打开 QQ 界面，在好友的头像上鼠标右击，选择“修改备注名称”命令。如图 4－22 所示。

图 4－22　单击“修改备注名称”

第二步：在打开的“修改备注名称”对话框的“新备注名称”文本框中输入该好友的姓名，如“雪山飞狐”。如图 4－23 所示。

第三步：确认修改成功。查看修改后的效果，如图 4－24 所示。提示：修改网友名称只是为了便于记忆，并不能修改其本人的资料，不影响其他人看到的效果。

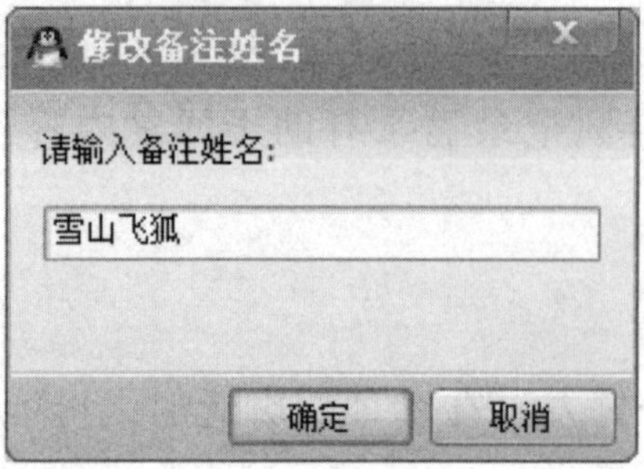

图 4－23　“修改备注名称”对话框

图 4－24　修改结果

到此为止，腾讯 QQ 的基本功能就介绍完了，如果大家还想了解 QQ 更多更好玩的功能，可以直接登录腾讯 QQ 的帮助页面，查找自己感兴趣的功能的使用介绍，网址是 http：//im. qq. com/help/mo_ gq. shtml？/help/qq/。

二、电子邮件——鸿雁传书

电子邮件是 Internet 中的“邮政局”，也是使用率最高的 Internet 服务，享有“网上鸿雁”的美誉。通过电子邮件不仅可以发送文字信息，还可以传送声音、图片、视频及动画等多种类型的文件，目前已成为人们在 Internet 中传递信息的首选方式。不过，发送电子邮件的时候需要有一个电子邮箱，就像实际的邮箱一样，用来发送和接收邮件。

1. 申请免费邮箱

目前随着上网条件的不断提高和网络资源的日益丰富，网上已经有很多免费的大容量邮箱。它们多半都是些门户网站为了吸引网民而特地提供的，这一节就手把手地教大家申请网易的126免费邮箱哦！

（1）申请免费邮箱

第一步：打开IE浏览器，在地址栏中输入www.126.com，打开网易126免费邮箱的主页。如图4－25所示。

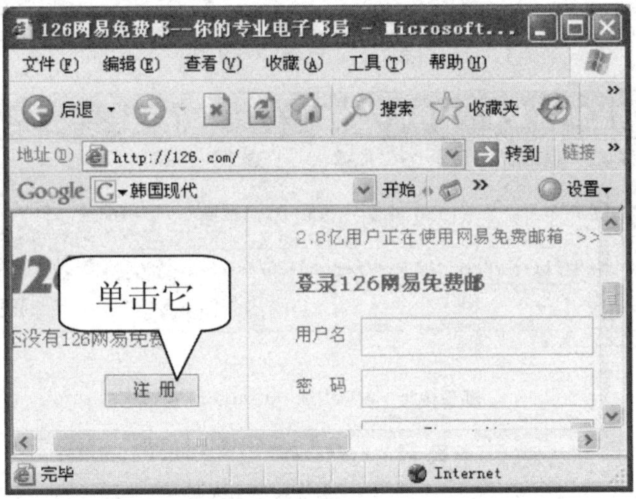

图4－25　126免费邮箱主页

第二步：单击“注册”，在弹出窗口的“用户名”与“出生日期”文本框中所需信息，如图4－26所示。再单击“下一步”。

第三步：弹出“用户名验证通过”对话框，按照提示，在这里正确填写“密码”和“个人资料”等注册信息。如图4－27所示。

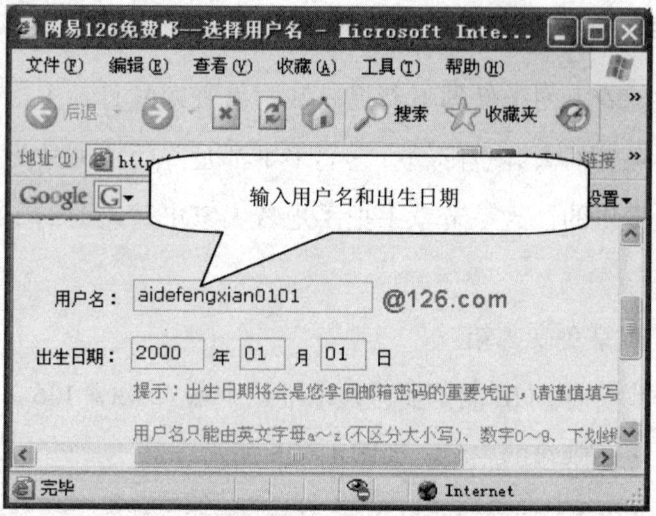

图 4－26　输入个人资料

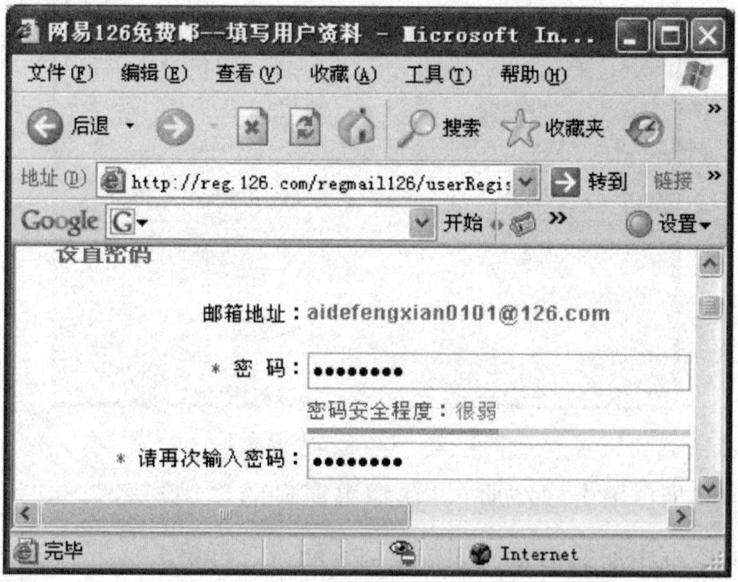

图 4－27　输入密码

第四步：在“填写用户资料”窗口的“请填入右图中的字符”文本框中填写给出的字符，然后在要求位置勾选，然后单击“下一步”，如图 4－28 所示。

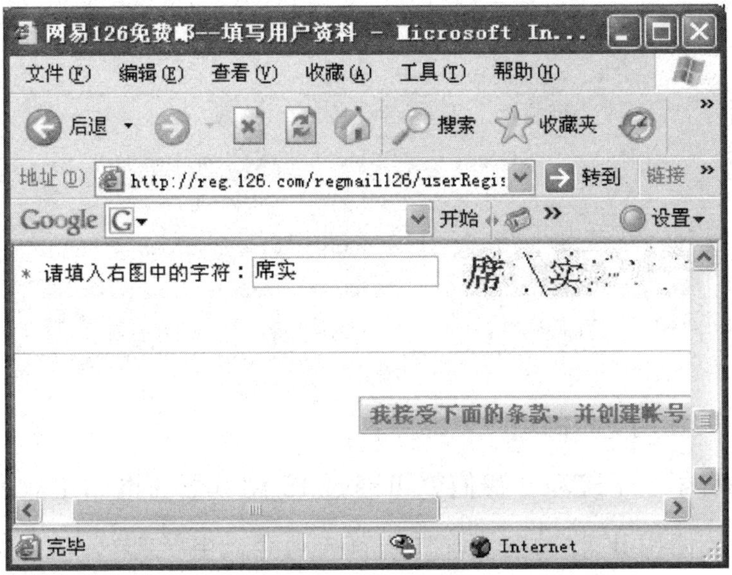

图 4－28　填写字符

第五步：弹出了“注册成功”页面，至此，免费邮箱便申请成功了。如图 4－29 所示。

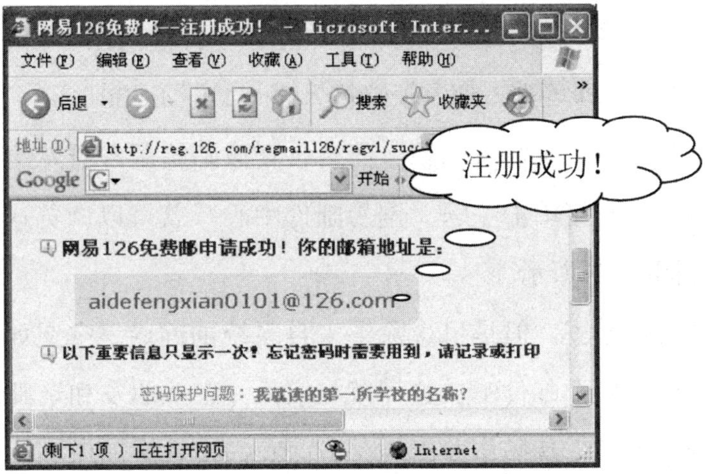

图 4－29　“注册成功”页面

小知识

下面将一些经常使用的经典电子邮箱站点推荐给你，可在对应的网站中用上面学习的方法申请邮箱。

网站名	网　址
新浪邮箱	http：//www. sina. com. cn
网易 163 免费邮	http：//www. 163. com
亿邮	http：//www. eyou. com
雅虎	http：//cn. mail. yahoo. com
Hotmail	http：//www. hotmail. com

（2）使用免费邮箱收发邮件

拥有了电子邮箱，我们就可通过 IE 浏览器在网站中收发 E－mail 了。使用 IE 收发电子邮件前首先得登录电子邮箱。打开 IE 浏览器，在地址栏中输入 www. 126. com，打开网易 126 免费邮箱的主页。

❖登录免费邮箱

第一步：在网易 126 免费邮箱的主页中，输入用户名和密码。单击“登录”，即可进入到电子邮箱界面。如图 4－30 所示。

第二步：第一次登录邮箱，都会收到该邮箱服务器发给你的一封欢迎信件。直接单击主题“网易邮件中心”就可以浏览这封欢迎信了。如图4－31所示。

虽然有信箱了，但是里边除了来自系统的问候，空空如也！那就赶快给同学发个邮件吧，这样就与家人、亲戚朋友和老师多了一个沟通的渠道了。其操作并不难，下面我们来看看如何利用电子信箱发邮件。

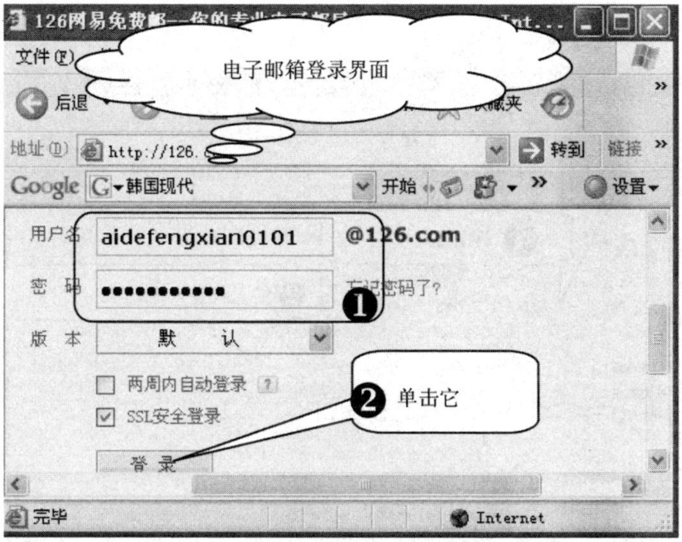

图 4－30　126 邮箱登录界面

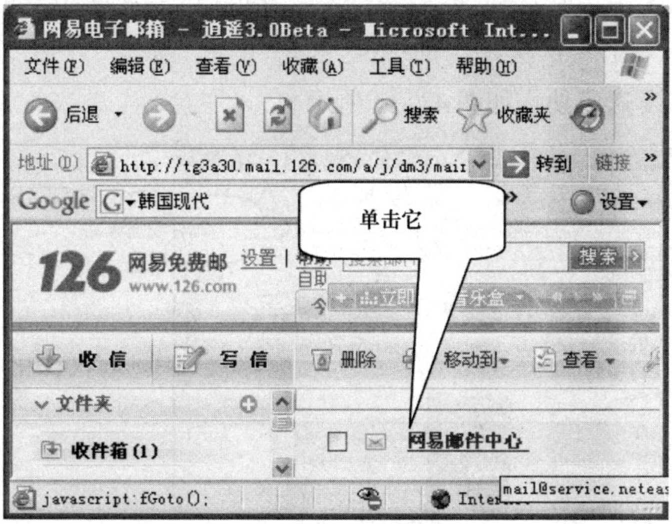

图 4－31　浏览邮件

❖发送邮件

登录并进入到邮箱窗口，单击“写信”，在“收件人”地址文本框中输入邮箱地址，在邮件编辑区输入正文，单击“发送”即可。

如图 4－32 所示。

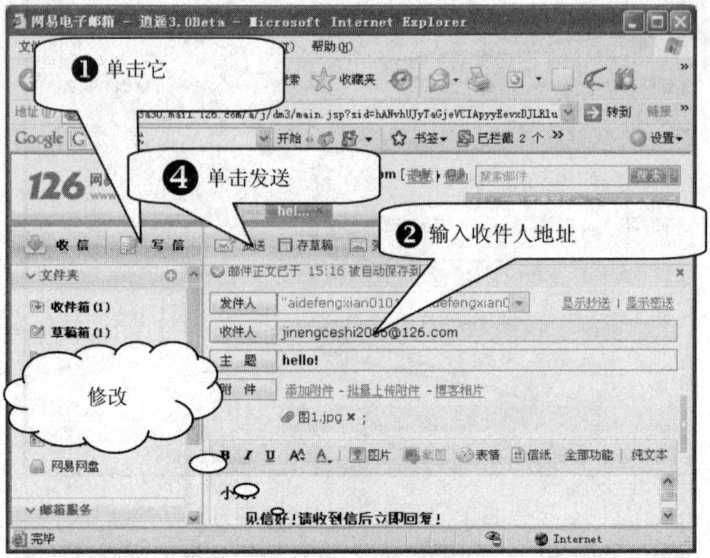

图 4－32　发送邮件

哇！发送成功。如图 4－33 所示。

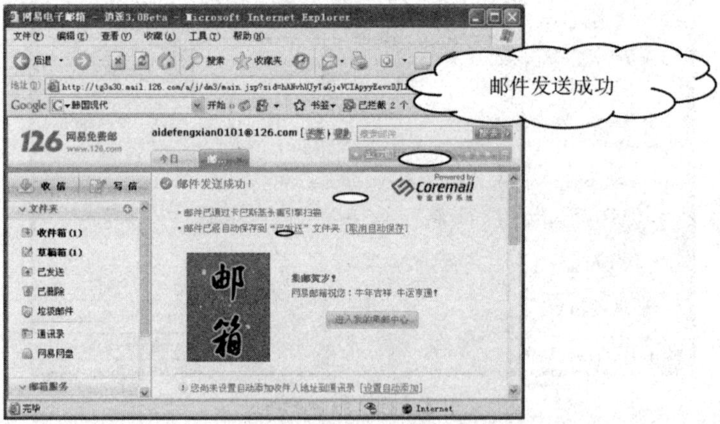

图 4－33　邮件发送成功界面

如果要给对方发送文档、图片及声音等资料，可以通过附件的方式来发送。下面就以发送图片为例，介绍如何在邮件中添加附件。

❖在邮件中添加附件

第一步：撰写邮件时单击页面中的“添加附件”链接。如图4－34所示。

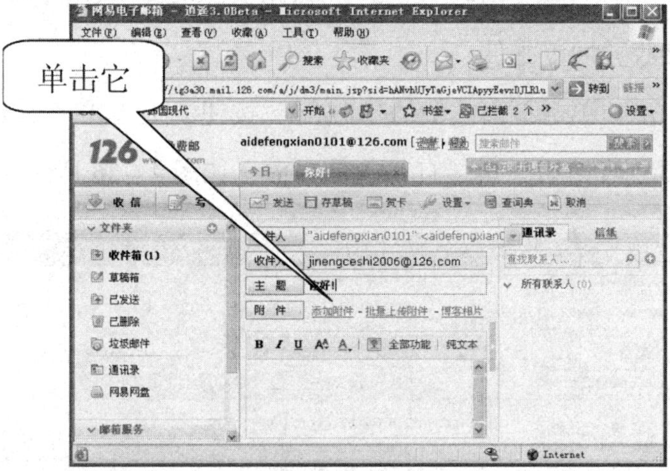

图 4－34　单击“添加附件”

第二步：在弹出的“选择文件”对话框中选择要作为附件的文件，单击“打开”按钮即可。如图 4－35 所示。

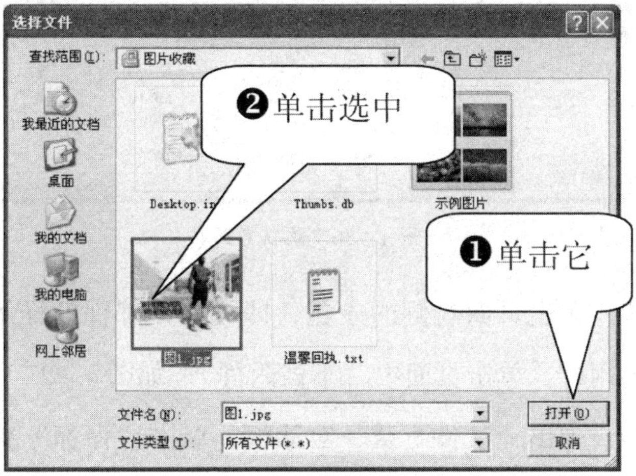

图 4－35　选择附件

为你支招　选择的文件地址及文件名都将显示在“附件”文本框中，如果发送的附件较多，可以单击“添加附件”连续添加，如果需要删除某个附件，则单击对应附件文本框后的“删除”即可。

❖接收并回复邮件

第一步：单击页面左侧的“收信”按钮，或单击“文件夹”选项组中的“收件箱”链接打开收信界面。如图 4－36 所示。

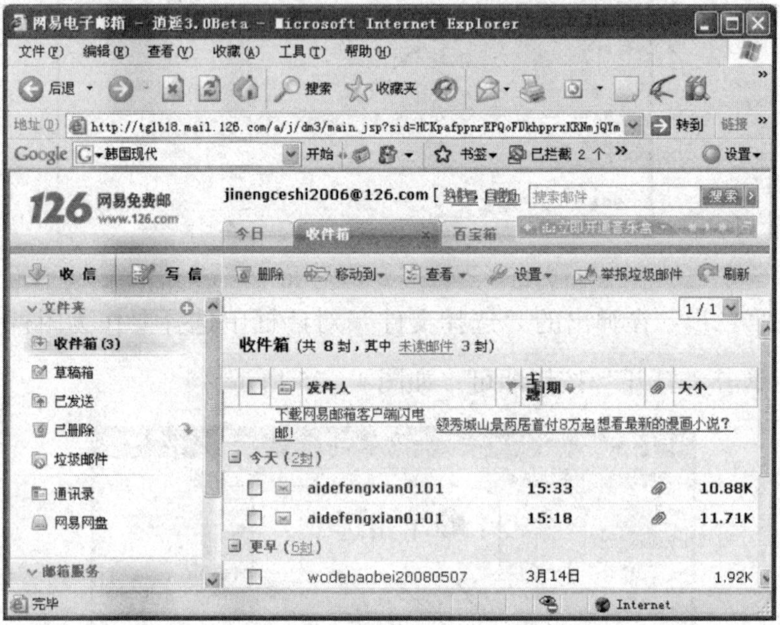

图 4－36　收信界面

第二步：单击页面右侧的主题，即可阅读邮件的详细内容。如该邮件包含附件，单击页面中“下载附件”。如图 4－37 所示。

第三步：弹出“文件下载”对话框，单击“保存”按钮。如图 4－38 所示。

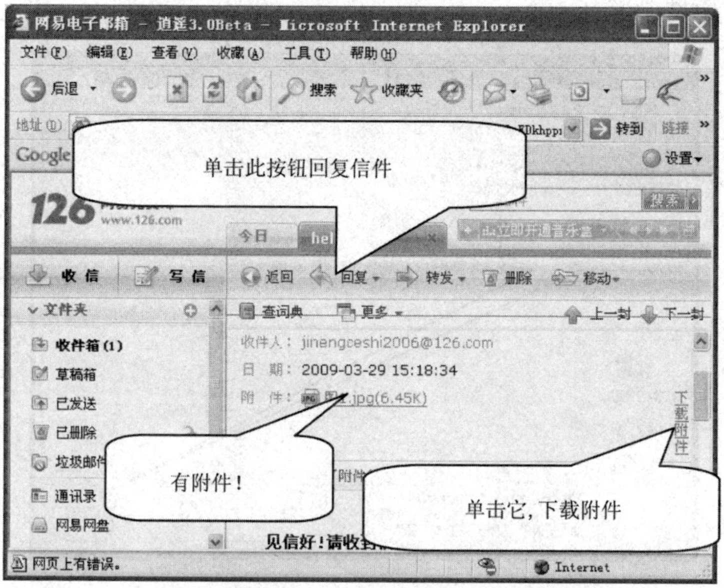

图 4－37　邮件阅读界面

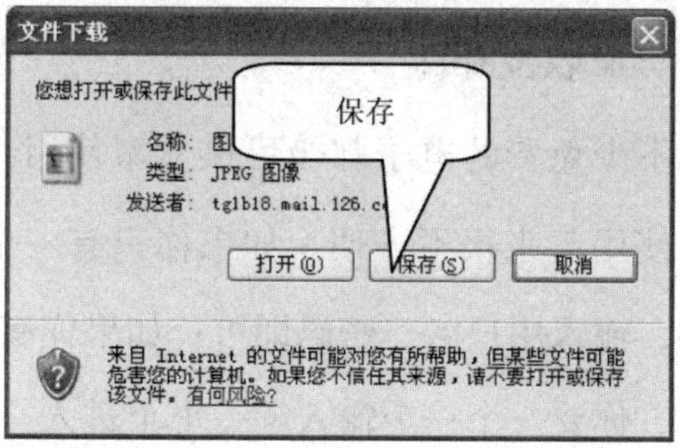

图 4－38　“文件下载”对话框

第四步：弹出“另存为”对话框。单击“保存”即可下载。见图 4－39。下载完毕后，找到存放路径，打开该文件即可阅读附件内容了。

除了上述的基本功能，电子邮箱还有管理通讯录等功能，使用也是非常简单，大家还可以查阅一下帮助。相信大家很快就能熟练地运用免费邮箱了！

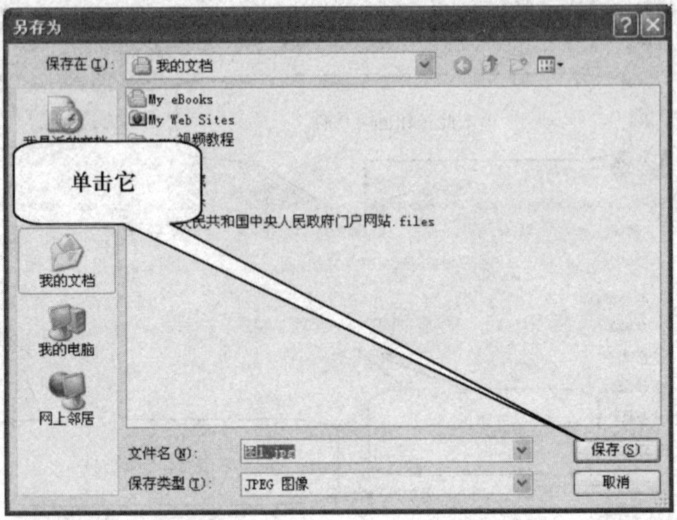

图 4－39 “另存为”对话框

2. 使用 Outlook 收发邮件

尽管网上有不少免费的电子邮箱可供大家使用，但是都要求登录相应的网站，使用起来很不方便。如果你只有一个邮箱，那么这件事还比较好办，输入用户名、密码即可；如果你有超过三个邮箱，就很让人头疼了，你要一个一个输入、一个个进入、一个一个检查，这当中还不包括你敲错名字、记错密码，当然还有无休无止的等待。笔者就比较轻松了，尽管我有 6 个邮箱，且从来记不清密码是多少，每天打开电脑的第一件事就是检查邮件，而所要做的仅仅是单击一个按键，然后去泡茶喝咖啡。因为我使用了一款专门的电子邮件软件 Outlook Express，它会帮助我，把不同信箱的信件都接收下来，然后根据一定规则分类。

Outlook Express 简称 OE，它是微软公司提供的一款电子邮件客户端软件，收发与管理电子邮件是它最主要的功能。双击桌面上快捷键就可以启动 Outlook Express。下面就给大家介绍 Outlook 收发电子邮件的方法，尝试一下轻轻松松管理多个邮箱吧！

（1）设置邮件账户

邮件管理的第一步，就是建立自己的邮件账户。下面我们就来一步步地学习如何使用 OE 新建一个电子邮件账户。双击 OE 应用程序的图标，进入 OE 的主窗口。

第一步：启动 OutLook Express 后，在菜单中选择“工具”→“账户”命令。如图 4－40 所示。

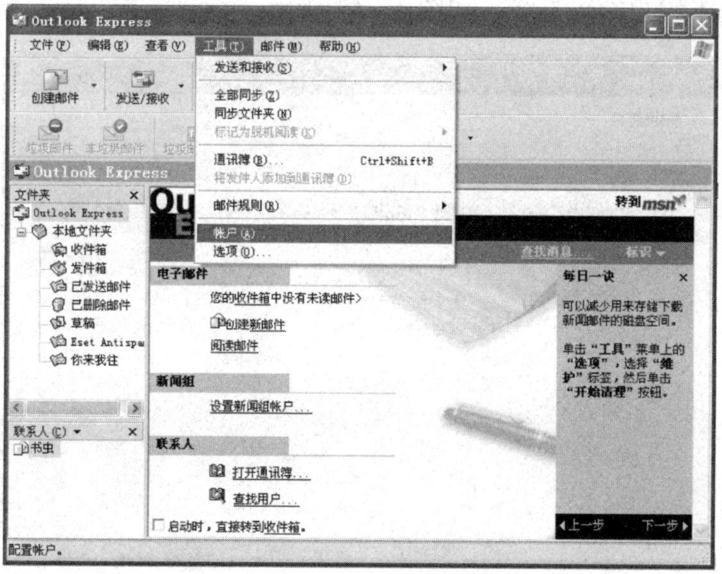

图 4－40　OE 主窗口

第二步：弹出“Internet 账户”对话框后单击“添加”按钮，在弹出的菜单中选择“邮件”命令。见图 4－41 所示。

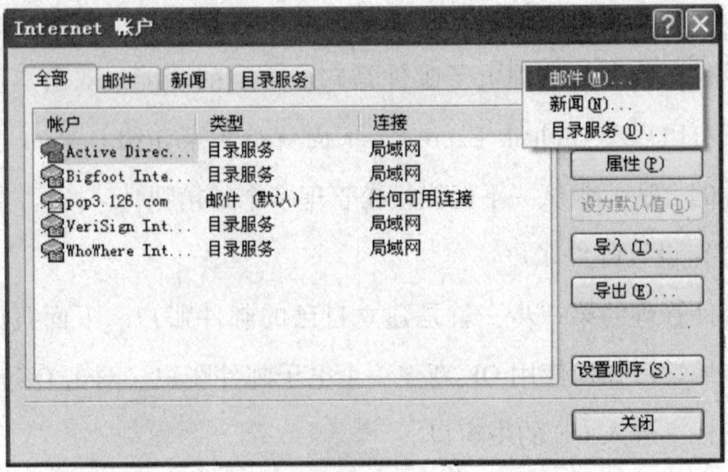

图 4-41 "Internet 账户"对话框

第三步：弹出"Internet 连接向导"对话框，在"显示名"文本框内输入用户的账户名。如图 4-42 所示。

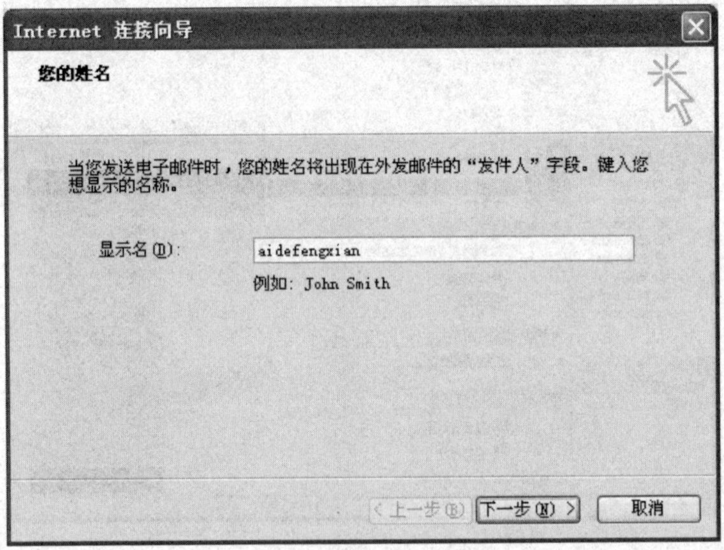

图 4-42 "Internet 连接向导"对话框

第四步：单击"下一步"，在弹出的对话框中输入用户的电子邮件地址。如图 4-43 所示。

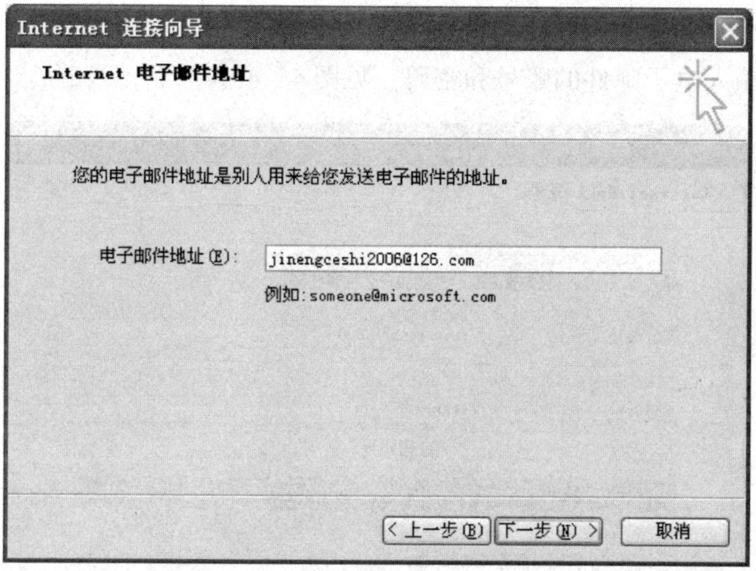

图 4－43　“Internet 连接向导”对话框

第五步：单击“下一步”，在“电子邮件服务器名”向导对话框中输入收发邮件服务器的名称。见图 4－44。

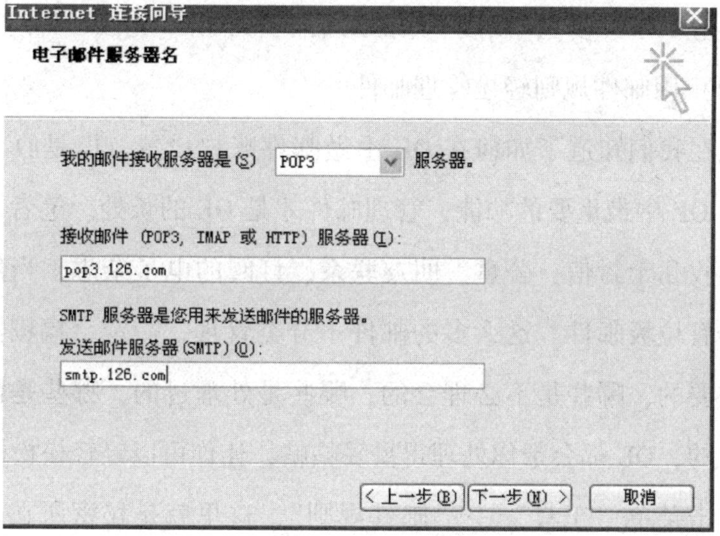

图 4－44　“Internet 连接向导”对话框

第六步：单击“下一步”，分别在“账户名”和“密码”文本框内输入电子邮件的账号和密码。见图 4－45。

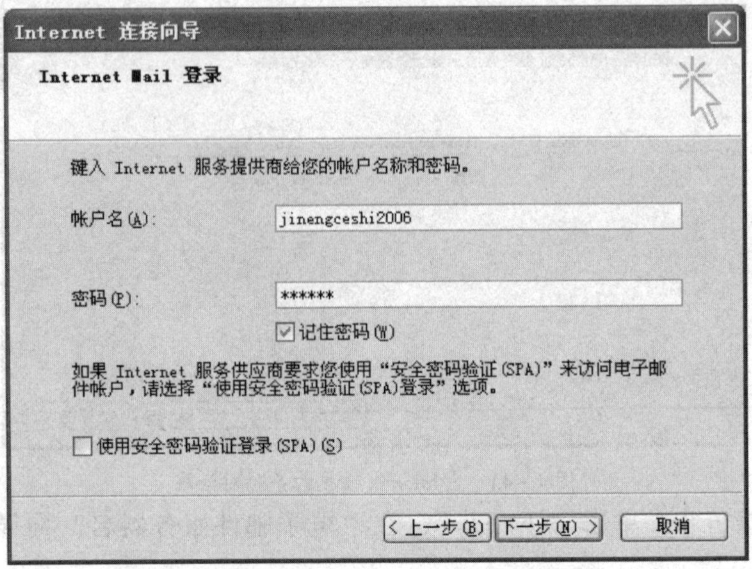

图 4－45 “Internet 连接向导”对话框

单击“下一步”，在接下来的对话框中单击“完成”即可。

(2) 用邮件规则轻松管理邮件

现在我们知道了如何在 OE 中做邮件账户设置，但是收发邮件并不是 OE 中最重要的功能，管理邮件才是 OE 的长处。笔者差不多每大要收几十封信，公事、朋友联系、订阅的电子杂志，当然少不了的还有垃圾邮件。这么多的邮件不分类管理，一定会搞糊涂，哪些是重要的，哪些是不必理会的，哪些是处理过的，哪些是需要尽快回复的，OE 都会帮你处理得妥妥帖帖，让你可以轻轻松松搞定！

单击菜单“工具”→“邮件规则”，这里就是秘密所在。我们先单击“邮件”选项，弹出如图 4－46 所示的“新建邮件规则”对话框，在这里我们可以制定一些有用的接收邮件规则，训练 OE 成为我们的得力助手。

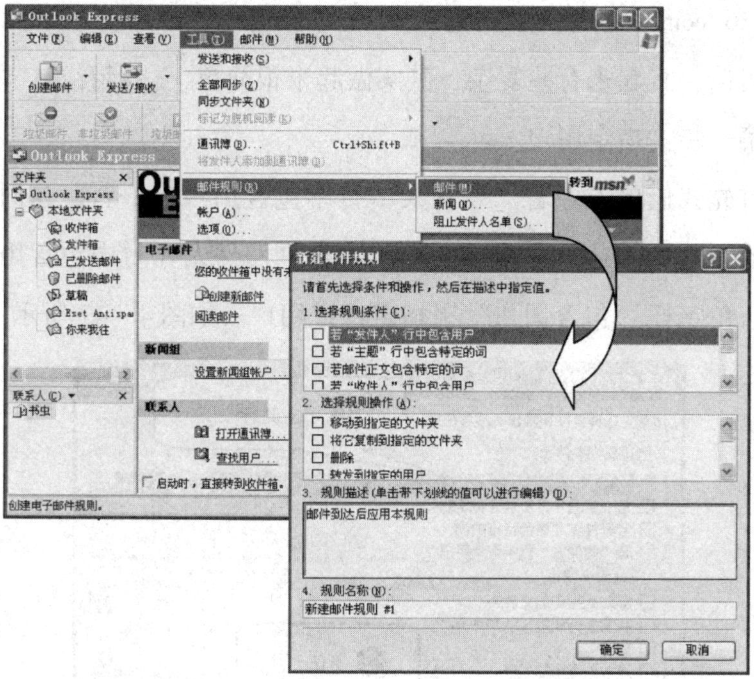

图 4－46　“新建邮件规则”对话框

在“选择规则条件”中，你可以选择对具有哪些特征的邮件进行操作，比如是特定发件人发送的邮件，邮件标有优先级，邮件有特定主题等等，有 12 项之多；

在“选择规则操作”中，你可以指定对选定的邮件进行何种操作，比如可以把它移动到指定邮件夹，还有我们最常用的自动回复（属于懒人的功能），对于垃圾邮件，我们可以毫不犹豫地直接选择删除；

“规则描述”是对选择的规则进行具体的设置；

“规则名称”就是给你的规则命名了。

下面我们就来举例说明：设置当收到来自 wode baobei20080507@ 126. com 的信件，就把它转到“你来我往”文件夹，并自动回复一封信。听起来有些复杂，其实做起来很简单，一起看看！

第一步：指定用户。

首先我们单击“若‘发件人’行中包含用户”一行，这时在第三栏的“规则描述”中多了一行字“若‘发件人’行中包含用户”。单击蓝色字样“包含用户”来指定特定用户。如图 4－47 所示。

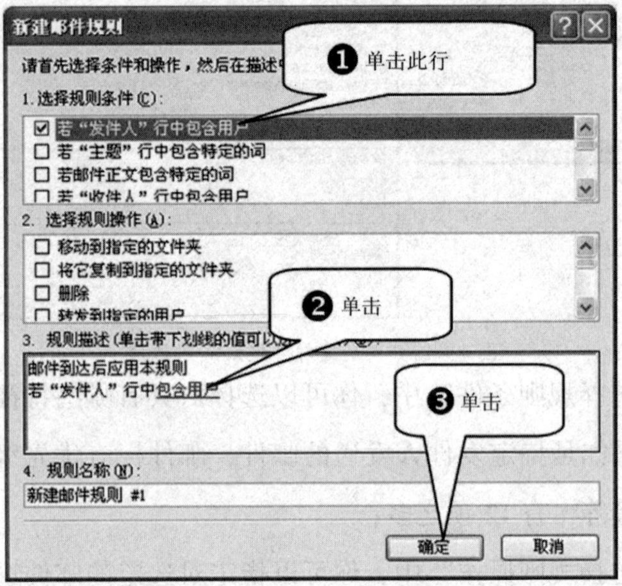

图 4－47　“新建邮件规则”对话框

在弹出的“选择用户”对话框中，输入一个用户名，单击“添加”，在用户列表中选定一个用户，单击“确定”，即可看到在蓝色字样的规则描述。如图 4－48 所示。如果你建立了通讯簿，也可以从通讯录中选择用户。然后单击“添加”，就可添加多个用户。

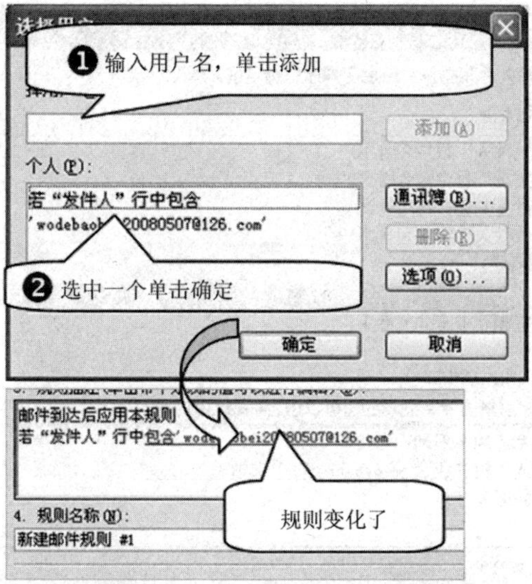

图 4－48　“选择用户”对话框

第二步：选择规则操作。这里我们要试着建立两条规则：

第一，移动邮件到指定邮件夹；第二，自动回复。

在“选择规则操作”一栏中，勾选“移动到指定的文件夹”，接着单击“规则描述”栏中的“指定的”进行编辑，如图 4－49 所示，注意规则描述中的变化。

在弹出的“移动”窗口中，可以任选已建立好的“本地文件夹”中的一个。当然，为了分类更细致，我们现在建立一个新的文件夹，单击“新建文件夹”，在弹出的窗口中填写“文件夹名”如“你来我往”，单击“确定”。如图 4－50 所示。

回到“移动”窗口单击“确定”，回到“新建邮件规则”窗口。我们的第一条邮件规则已经建立好了。如图 4－51 所示。

好，现在来建立邮件“自动回复”，这个规则很有用。在“选择规则操作”栏中，勾选“使用邮件回复”。见图 4－52。

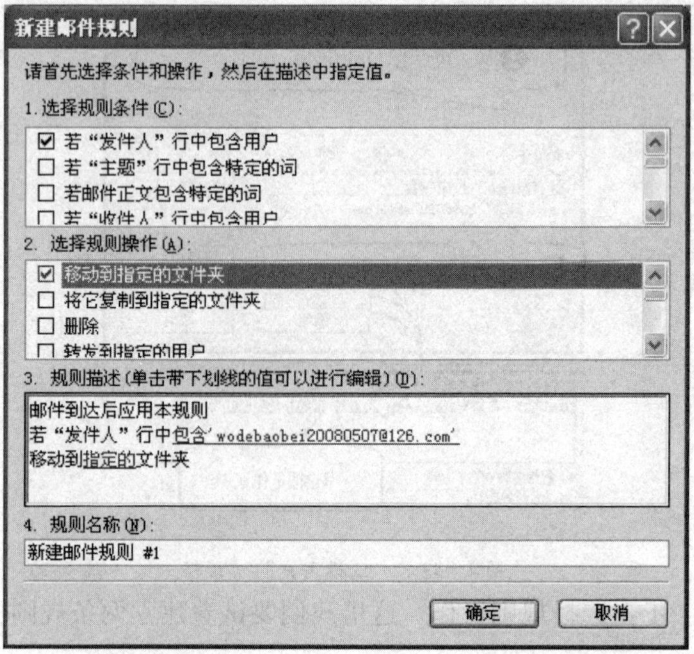

图 4-49 "新建邮件规则"对话框

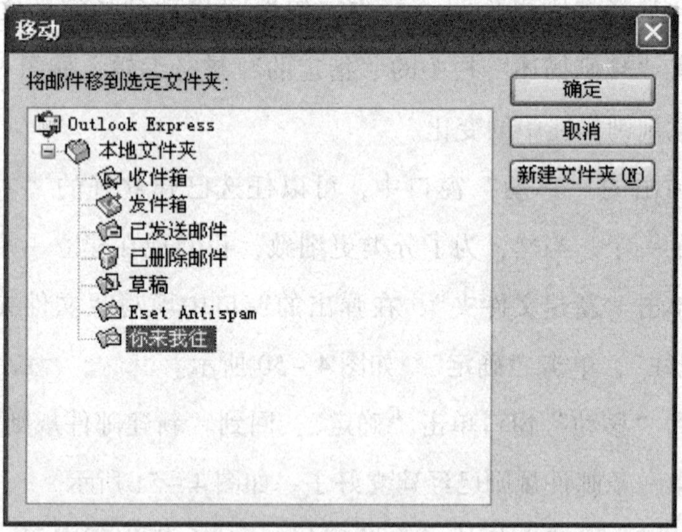

图 4-50 "移动"窗口

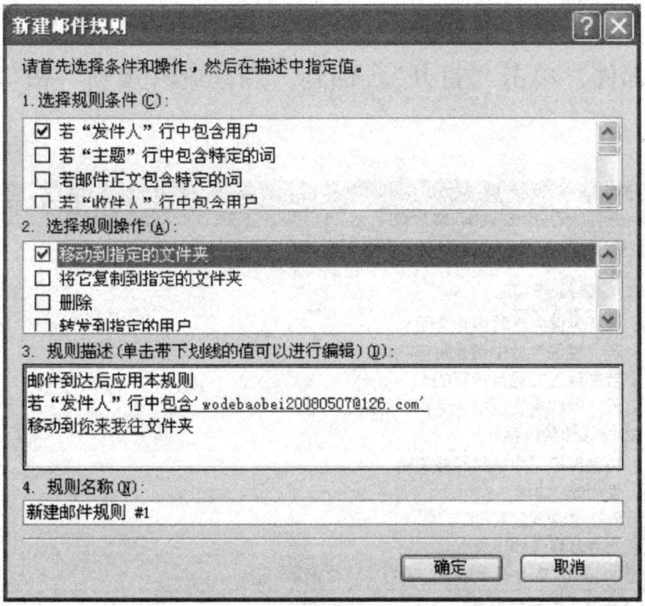

图 4－51　“新建邮件规则”窗口

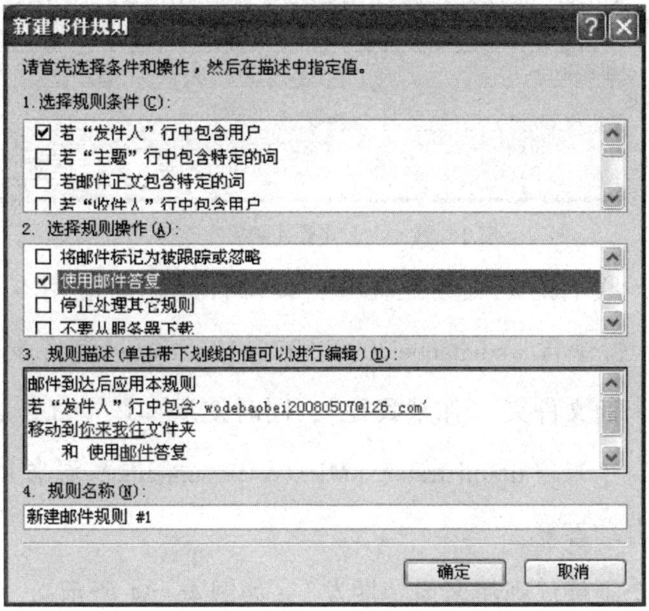

图 4－52　“新建邮件规则”窗口

在“规则描述”中单击“邮件”，在“打开”窗口中，选择事先写好的邮件，单击“打开”。回到“新建邮件规则”窗口如图4－53所示。

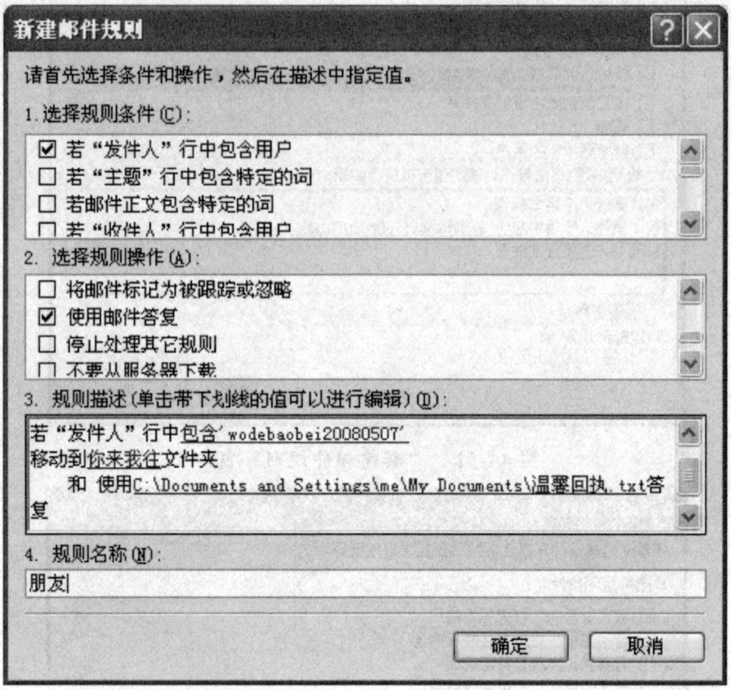

图4－53　“新建邮件规则”窗口

至此，我们的规则建立完毕，即邮件到达后应用本规则；若“发件人”行中含wodebaobei20080507@126. com；就将该信件移动到朋友的来信文件夹“你来我往”，同时使用“C：〖DS（ocuments and Settings〖BT（dministrator〖ML（y Documents\温馨回执 . txt”对该信件自动答复。

给这个邮件规则命名为“朋友”（如图4－54所示）。现在，OE就可以自动接收邮件，并对邮件分类，并且还可以对指定邮件（比如说 wode baobei20080507@126.com）进行回复。怎么样，这个帮手还不错吧！

图 4-54　OE 主窗口

（3）写电子邮件

下面，让我们来建一封新邮件。也许同学们会说："这么简单的事情还用你说。"其实 OE 针对发送邮件也有很多新功能。让我们来瞧一瞧！

首先，我们单击主菜单工具栏中的"创建邮件"。出现如图所示的"新邮件"窗口。窗口分三部分：菜单栏、发送选项栏、内容编辑框（如图 4-55 所示）。这就好比我们写信，中间那一栏就是信封，要写明收件人地址，即收件人电子邮件地址；主题，则是给收

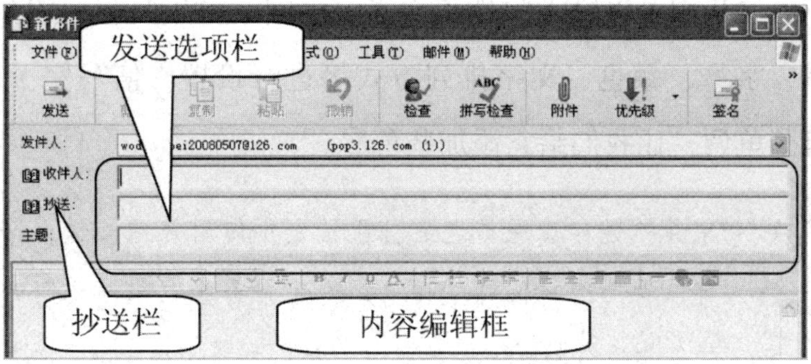

图 4-55　"新邮件"窗口

件人一个提示，说明邮件的主题。抄送一栏，则充分体现了电子邮件的优势，我们可以将一封邮件同时发送给若干个人，是不是很方便啊！内容框就相当于信纸，用来写邮件内容。

在收件人栏中填入 wodebaobei20080507@126. com，当鼠标移动到“抄送”栏时，界面凸显呈按键状，单击之，进入“选择收件人”窗口，如图 4－56 所示。在联系人栏中选择收件人，然后单击“密件抄送”，收件人就出现在“邮件收件人”密件一栏中。单击“确定”，回到新邮件窗口。这时我们发现“抄送”栏上面多了个“密件抄送”栏，如图4－57所示。

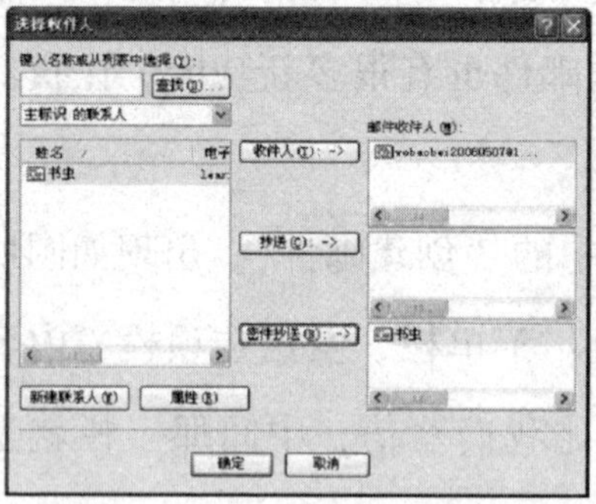

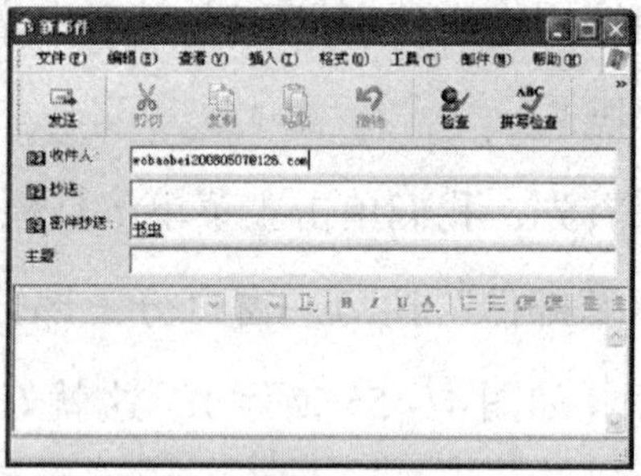

图 4－56　“选择收件人”窗口　　图 4－57　出现“密件抄送”栏

下面，我们可以输入邮件正文了。中间一排工具栏可以供我们对字体、字号、颜色、文字排列方式等进行设置。信写完了以后，好像有些单调，让我们给它添加些色彩。

小知识

密件抄送和普通抄送有什么区别？使用普通抄送，每个收件人可以看到这封信时，同时知道还有哪些人和自己同时收到信，而使用密件抄送，其他收件人看不到还有谁收到了这封信！

❖信纸设置

在主菜单栏，选择“格式”→“应用信纸”，OE 已经为我们准备了一些美丽的信纸，供我们选择。如图 4－58 所示。

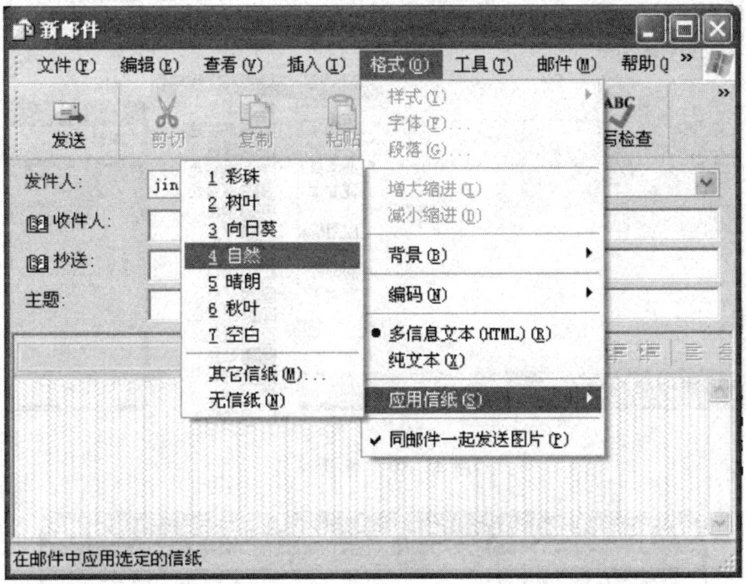

图 4－58　信纸设置

❖背景设置

单击“格式”→“背景”就可以给邮件加人背景图片、颜色、声音，让你的邮件立刻变得多姿多彩。如图 4－59 所示。

❖添加附件

通过附件可以发送文档、图像、声音等各种文件。只是附件不要太大，否则会影响邮件的接收和发送。单击工具栏中的“附件”按钮，弹出“插入附件”对话框，如图 4－60 所示，选择你要添加的文件，单击“附件”就可以了。

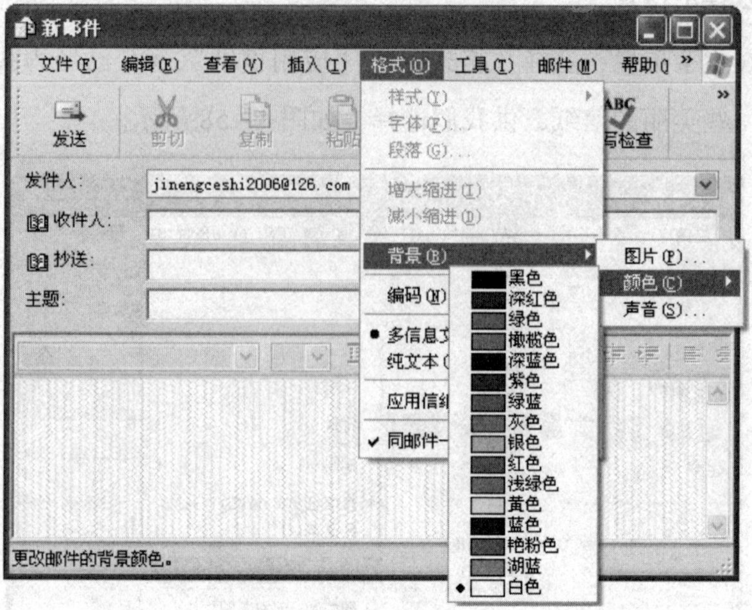

图 4-59　背景设置

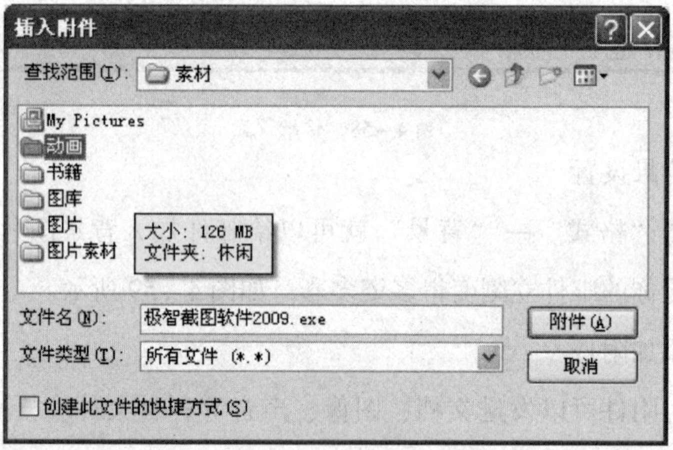

图 4-60　“插入附件”对话框

到这里，我们的邮件就写好了，单击“发送”（如图 4-61），哪怕远隔千山万水，朋友也会收到我们的问候，感受彼此友情的温馨。当然，使用 OE 还有很多技巧有待大家去摸索，本节就介绍到这里。

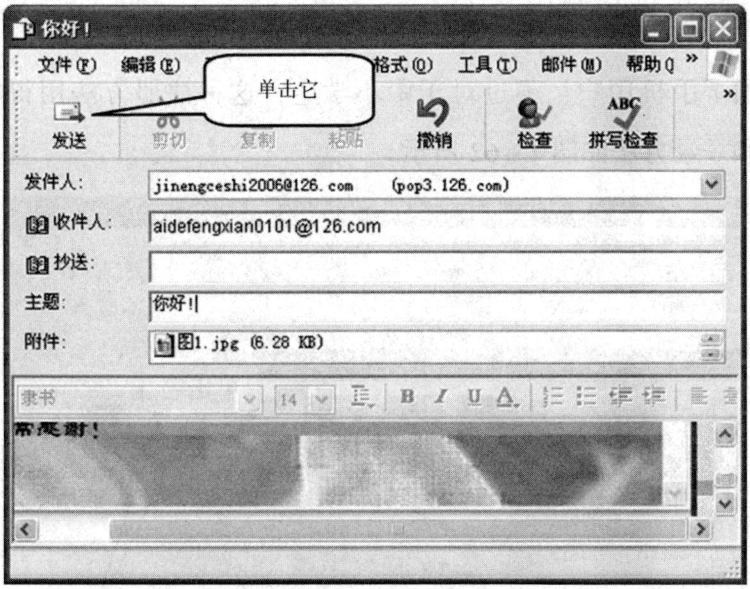

图 4-61　发送邮件

三、同学录——常来常往

想一想，你和你的同学在 10 年后还能保持联系吗？如果你想和你的同学在毕业以后还能保持联系，那么，就登录校友录吧，赶快行动吧！

ChinaRen 校友录是国内规模最大，数据最全，服务最稳定的校友录社区之一。虽然作为门户网站不是太出名，但因其极有特色的校友录社区功能，还是生存下来，并和 Sohu 的注册用户捆绑在一起了。ChinaRen 校友录的网址是 http：//class. chinaren. com/。

1. 注册和登录校友录

要登录校友录，你必须是ChinaRen或者Sohu的注册用户，或是新开通了手机用户，不过对于中小学生，这种注册方法用得很少。注册和登录方法如图4－62所示。

图4－62　ChinaRen校友录登录界面

2. 查询校友录

成为ChinaRen或者Sohu的注册用户并登录以后，你就可以在校友录下搜索有没有自己的班级。可以按照网页上的“搜索学校”“搜索班级”“加入班级”三个步骤来加入已经建立好的班级，也可以通过网页上的中国地图单击相应的省份展开搜索、更可以利用网页上的“学校大搜索”和“同学大搜捕”功能，直接查询自己的学校或同学。

图 4－63　查询校友录

3. 创建校友录

如果没有发现自己的学校，就要自己创建一个了。单击“创建学校”选项，填写详细信息，就可以创建一个学校了。

首先，你可以按班级名称和入学年份搜索一下你自己的班级，如果确信你的班级不在列表中，那就由你自己开创一个班级吧，为你们的同学作点贡献！

创建好了班级以后，你再重新登录，就可以管理自己的班级了，比如班级留言、班级相册等等。

校友录最多的，就是看看同学的留言和照片了，特别是些以前同学时候的珍贵照片，真的能让人陷入美好的回忆之中呢！也希望大家通过校友录和同学经常保持联系，毕竟同学的友情是非常珍贵的!

除此之外，我们在网上交流信息，还可以使用论坛（BBS）、博客、播客和RSS几种方式，这几种方式目前应用较为广泛。在论坛（BBS）、博客、播客中，用户不仅可以发表自己的观点，还可以广交天下朋友，满足不同的需要。说不定中小学生朋友也会在其中找到自己喜欢的场所，收获意外呢。那就赶快去自己动手吧。

下面给大家推荐几个好的博客网和流行的播客网：

博客网站	网址
博客网	www. bokee. com
中国博客网	www. blogcn. com
博拉	www. bolaa. com
派派网	www. piekee. com
酷开网	www. coocaa. com

第五章　休闲娱乐——网络的重要用途

有朋当然不亦乐乎啦，和朋友可以聊聊天，商量去好玩的地方，你可以与网友下棋，玩俄罗斯方块，打台球，还能边玩边跟网友交流游戏经验。无论何时，只要能上网，就不愁找不到志趣相投的玩伴。这就是我们的快乐网上休闲时光！

一、适度游戏才快乐

谈到游戏，大家肯定非常兴奋，因为很多中小学生接触电脑就是从游戏开始的。而网络游戏的发展又非常的迅速，它使得成千上万的朋友可以同时在线进行游戏、比赛，同时又可以进行聊天交友，让大家远离了一个人在家打电视游戏的孤独时代。不过，网络游戏虽然发展迅猛，但缺少应有的规则约束，很多网络游戏的内容无非是打打杀杀，积分升级，既充满暴力，又浪费时间和金钱，对大家有百害而无一利。所以，在形形色色的网络游戏中，我们选出了以下几款适合青少年朋友的游戏，对它们的安装和使用方法进行简单的介绍，希望大家能在游戏中既能得到更多的乐趣，也能增长一定的知识，还能结交更多意趣相投的朋友，乐在游戏，乐在交友，益其智力，增长眼界，开阔视野。让我们一起来娱乐娱乐吧。

1. 棋牌类网络游戏平台推荐

下棋打牌，可以说是一项非常古老且普及十分广泛的游戏方式了，特别是对青少年朋友来说，下棋打牌不仅可以休闲娱乐，更可以开动脑筋，启发智力。不过，现代都市的生话方式，使得很多小朋友总是一个人待在家里，放学以后，也很少有和好朋友一起切磋棋艺牌技的机会，就算是能够参加各式各样的棋牌培训班，能接触到的棋友牌友也很有限，使得自己技术的提高非常缓慢。庆幸的是，现在有了互联网这个无限的空间。只要一台电脑一根网线，大家就可以和全国各地的青少年朋友们一起游戏了。

联众网络游戏世界作为国内第一家专业的网络娱乐站点，目前已经拥有几百万的注册用户，同时在线用户已达数十万之多，通过访问站点 http：//www. ourgame. com 可对其进行下载。安装了联众世界，在联众游戏世界进行游戏，只要在网上申请了一个用户之后，就可和很多朋友进行交流和比赛。

（1）下载与安装游戏大厅

在登录联众世界参与游戏之前，必须先下载游戏的客户端程序，下载的方法我们在第二章已经介绍过，在此不再赘述。我们看看安装联众世界的具体操作步骤。

第一步：打开存放“联众世界”文件夹，双击该安装文件。弹出安装向导。如图 5－1 所示。

第二步：在弹出的“安装向导”对话框中，单击“我同意”即可出现安装进度条。如图 5－2 所示。

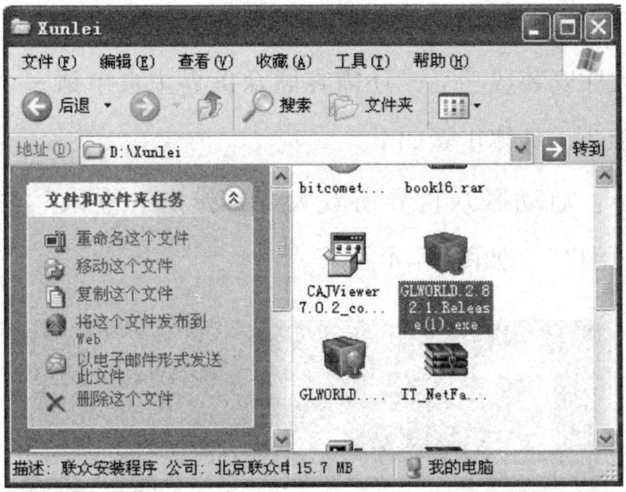

图 5－1　双击“联众世界”安装程序

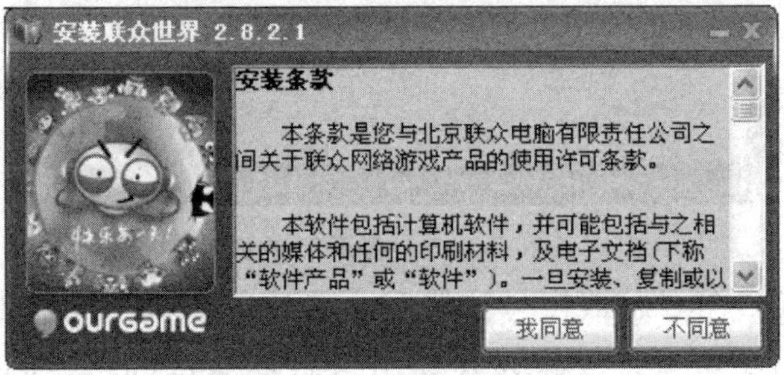

图 5－2　“安装向导”对话框

第三步：等到安装进度完，出现“安装完成”窗口，单击“完成”即可结束安装。如图 5－3 所示。

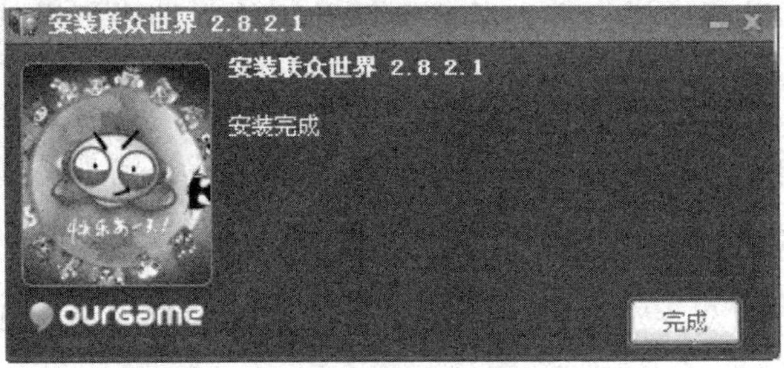

图 5－3　“安装完成”窗口

(2) 申请帐号

游戏大厅安装成功后，还需在联众世界主页申请一个游戏帐号才能进行游戏，具体步骤如下。

第一步：启动联众世界游戏大厅，弹出“登录”窗口，单击“免费注册用户”。如图5－4所示。

图5－4 “登录”窗口

第二步：在“游戏帐号注册”页面中。正确填写注册信息后勾选“我已阅读并同意《联众公司用户服务条款》”复选框，即可完成注册。见图5－5。

(3) 安装要玩的游戏

同QQ游戏一样，进入游戏大厅并不能立即进行游戏，还需要将要玩的游戏进行下载安装，这里我们仅以五子棋为例，简单介绍联众游戏室的功能和使用，其他棋牌类的游戏，诸如围棋、中国象棋、国际象棋、升级、桥牌等游戏室的使用和五子棋都大同小异。相信青少年朋友一定可以从中找到自己喜欢的棋牌类游戏，在下棋打牌中得到无穷的乐趣！具体操作步骤如下。

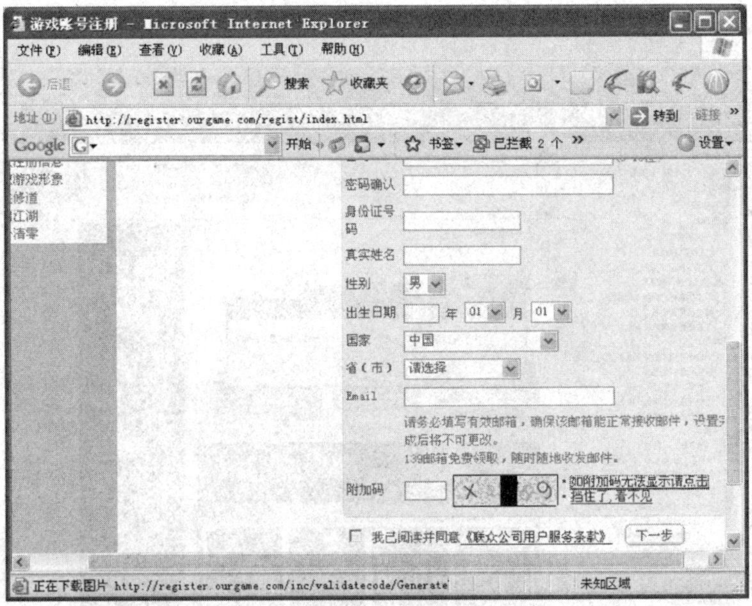

图 5－5　“注册”页面

第一步：启动联众世界游戏大厅，输入用户名和密码，单击“登录”。如图 5－6 所示。

图 5－6　登录联众世界

第二步：进入游戏大厅，在左侧游戏列表中选择喜欢的游戏，如“五子棋”。如图 5－7 所示。

图 5－7　选择游戏

第三步：单击“确定”，弹出“游戏下载”窗口，如图 5－8 所示。下载完毕后弹出“安装条款”对话框，单击“我同意”即可进行安装。

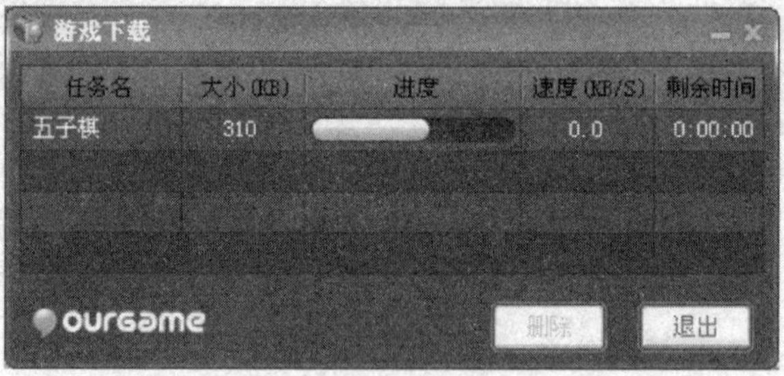

图 5－8　“游戏下载”窗口

第四步：安装完毕后弹出“安装完成”对话框，单击“完成”即可。如图 5－9 所示。

图 5－9 “安装完成”对话框

（4）开始游戏

终于安装好了！Let’s go！让我们马上开始体验一下游戏吧！

第一步：登录到游戏大厅，在左边列表中双击“五子棋”。在弹出的游戏列表中任选一个服务器，并双击。在弹出的“游戏房间”中，单击一个空座位。如图 5－10 所示。

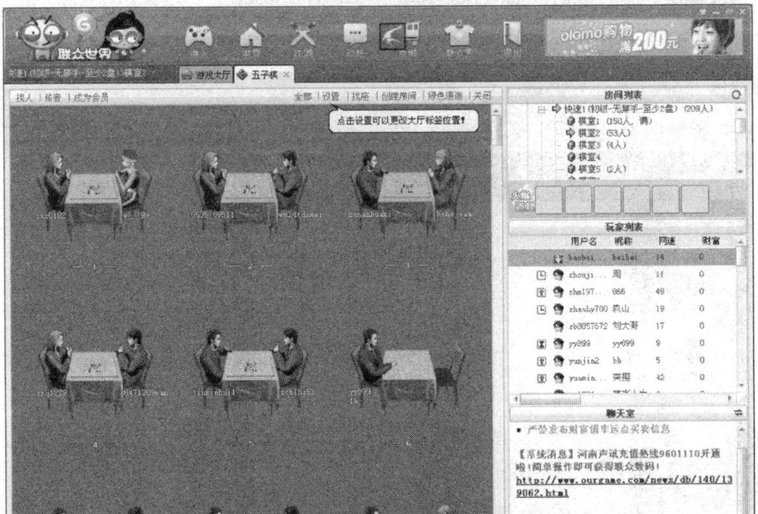

图 5－10 “游戏房间”界面

第二步：进入到游戏界面后单击“开始”，即可开始游戏，如图 5－11 所示。

第四步：如图 5－12 所示，是五子棋的游戏界面。

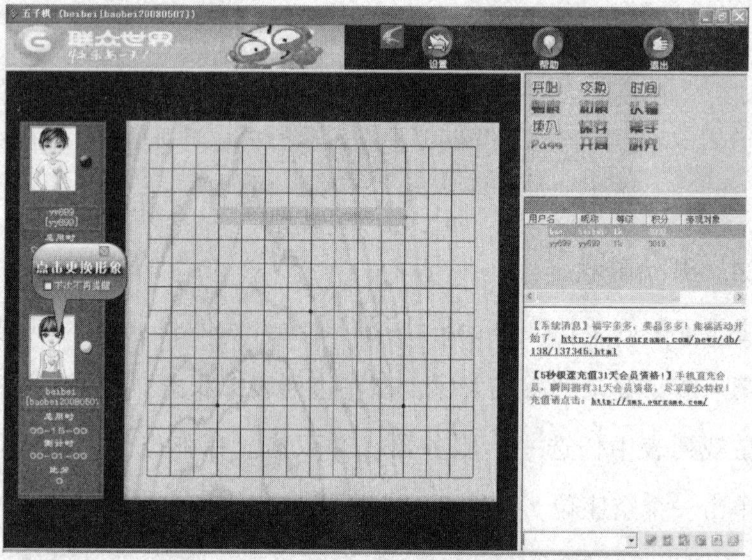

图 5－11　“五子棋”游戏界面

图 5－12　开始游戏

五子棋每人的行棋时间是 30 秒，当你行棋之后，对方如在最短的时间内没有行棋的话，会有一个咳嗽的声音催促他。如果超时，就会自动跳过，如果你很慢，那么希望你能快点。我们在下棋时要尽快行棋，而且要准确，免得让网友焦急等待。

当你走错了一步的时候，还可以点击悔棋来重新走。不过，如果大家不同意，那么只有怪自己了。如果想提高自己棋艺水平的话，我们可以点击“研究”这个命令（其实就是复盘），之后会弹出保存棋局的对话框。通过研究我们可以来回顾下棋过程中的每一步。通过多次的学习，相信你的棋艺会有很大的提高。

我们来这里下棋的目的是为了开心，因此在下棋的时候不能悔棋过多，否则对方会以为我们太赖皮了，我想大家也不会希望遇到赖皮的对手吧！其实，有很好的棋风，既可以交到真心朋友，又可以提高自己的棋艺呢！

2. 电子竞技类游戏平台推荐

体育源于游戏，电子竞技的发展也如出一辙，是游戏发展的高级阶段；电子竞技以其高强对抗性和遵循一定体育规则的特点，已经显露出它具有体育运动属性的本质。

电子竞技运动基本是体育比赛模式，一般 10～30 分钟可以结束一局比赛；网络游戏是一种经过开发时预先设计的“没有尽头”的游戏，与每一“等级”相对应的是游戏时间和游戏者的金钱，而不是参与者的能力。电子竞技寓运动于游戏，是一种真实的游戏运动，所以对青少年朋友来说，适度地玩一些电子竞技类游戏可以锻炼和提高我们的思维能力、反应能力、心眼四肢协调能力和意志力。

电子竞技类游戏的种类很多包括第一人称射击游戏“反恐精英”，即时战略游戏“魔兽争霸”“星际争霸”，球类游戏 NBA、FIFA，还有赛车类的“极品飞车”等，这类游戏都需要在电脑上安装相应的游戏软件，而且多半都可以单机和电脑进行对战。但是，总是和电脑进行对战的朋友会发现电脑的智力实在是赶不上人脑，和电脑的对战总是觉得比较机械化，时间长了缺少乐趣。所以，大家总是想找到更多的游戏玩家进行人对人的较量，以此来享受竞技的乐趣。那么，如何能找到众多兴趣爱好相同的游戏玩家呢？

浩方对战平台，就为大家提供了一个寻找众多游戏玩家的网络空间，进入平台以后，大家可以和很多在线的玩家一起进行惊心动魄的比赛。不但可以随意选择进入其他人建立的游戏，更可以自己建立游戏，选择游戏场景和比赛地图。下面我就简单介绍一下浩方对战平台的使用方法，它基本上和联众游戏世界大同小异，相信朋友们有了前一节的基础，会很快掌握浩方对战平台的使用方法的！

（1）注册用户

下载并安装浩方对战平台的方法与联众世界的游戏大厅类似，这里就不再重复了。安装该对战平台后，还需注册一个帐号才能玩游戏，注册的步骤如下。

第一步：打开“浩方对战平台”，弹出登录对话框，如图 5－13 所示。单击“注册帐号”，打开盛大通行证的注册网页。

第二步：在打开的网页中输入相应的注册信息。并单击下方的“创建我的盛大通行证”按钮提交注册信息。如图 5－14 所示。

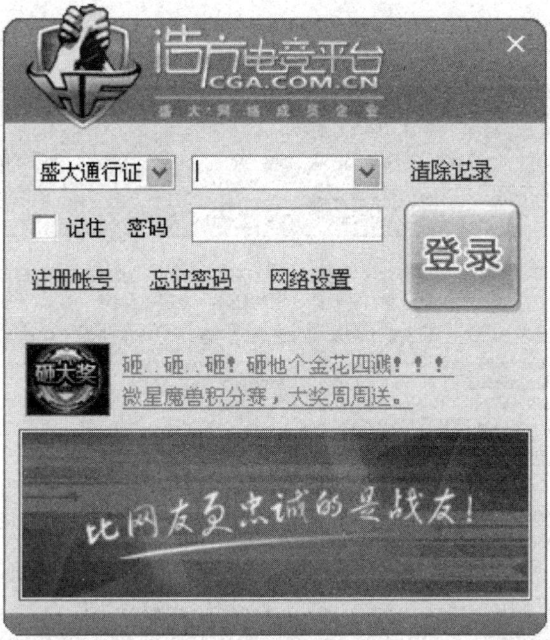

图 5－13　“浩方对战平台”登录界面

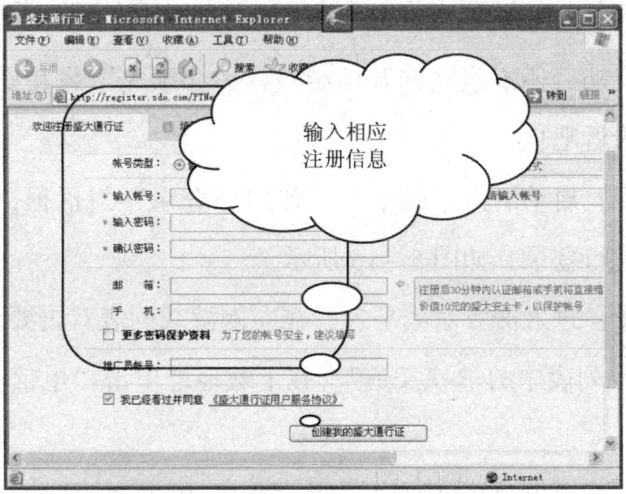

图 5－14　“浩方对战平台”注册界面

第三步：注册成功。

如图 5 – 15 所示。

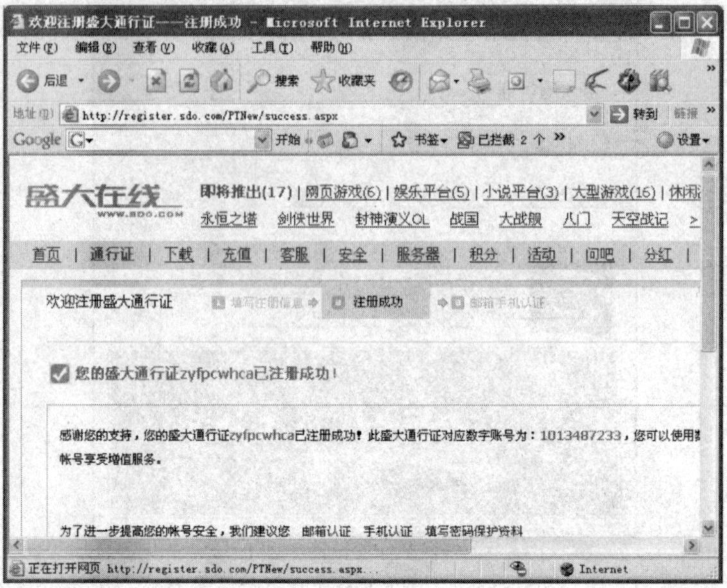

图 5 – 15 “注册成功”界面

（2）下载和安装游戏

注册成功后还不能立刻开始游戏，还必须先下载和安装要玩的游戏，来看看吧！

第一步：启动浩方对战平台，弹出“登录”对话框，输入用户名和密码进行登录。如图 5 – 16 所示。

第二步：进入浩方对战平台，在左侧游戏列表双击要玩的游戏，如“网游”列表中的“侠义道”，在下载地址单击“电信一”。如图 5 – 17 所示。

第三步：弹出“BT 下载任务”窗口，单击“立即下载”。如图 5 – 18 所示。

图 5－16　登录“浩方对战平台”

图 5－17　选择游戏

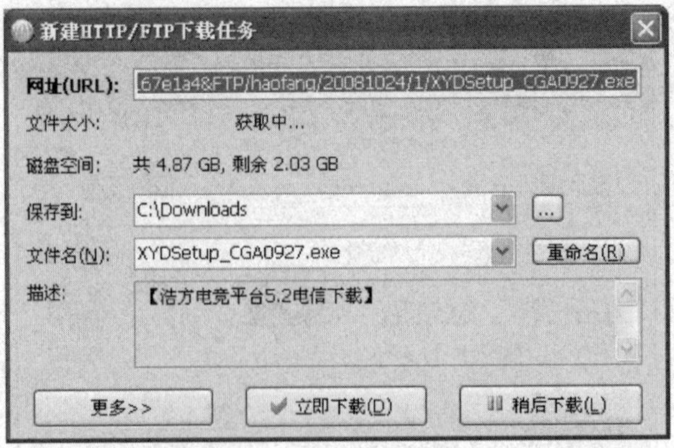

图 5－18　“下载任务”窗口

第四步：下载完毕后，找到该安装文件，双击该文件，弹出“侠义道浩方版下载器”对话框。点击“下一步”。如图 5－19 所示。

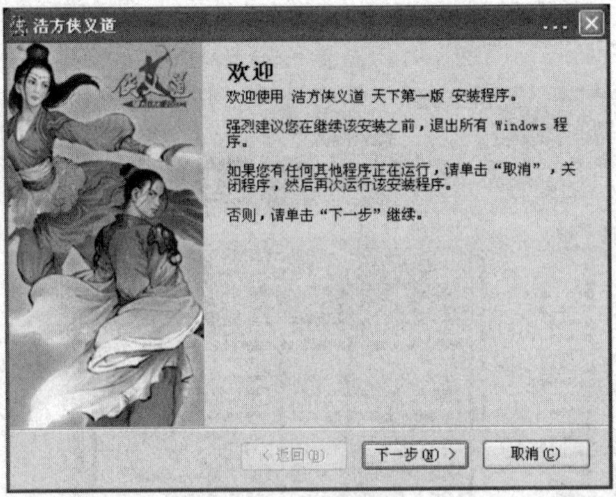

图 5－19　开始安装游戏

第五步：弹击“开始下载”，在弹出的对话框中单击“下一步”，在弹出的向导对话框中单击“同意”。然后单击两次“下一步”，弹出对话框。如图 5－20 所示。

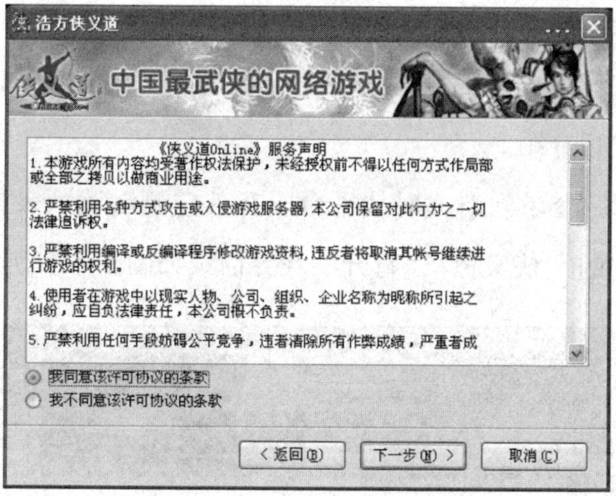

图 5－20　侠义道服务声明

第六步：在向导对话框的文本框中输入要添加“侠义道安装程序”图标的程序管理器组的名称，单击“下一步”，如图 5－21 所示。在接下来的对话框中单击“下一步”，单击“完成”即可结束安装。

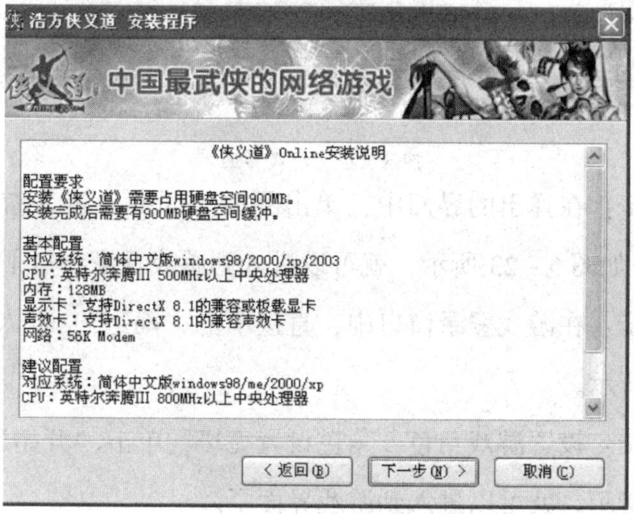

图 5－21　侠义道安装说明

(3) 开始游戏

完成游戏的安装后，就可以进行游戏了，以刚才安装的“侠义道”为例进行介绍。

第一步：登录到浩方对战平台，在其左侧游戏列表中双击“网游”列表中的“侠义道”，打开游戏界面。如图 5 - 22 所示。

图 5 - 22　游戏界面

第二步：在弹出的界面中，单击界面下部的“进入游戏”（山水图处），如图 5 - 23 所示，就可以进入到游戏登录窗口了。

第三步：在游戏登录窗口中，直接单击“确定”，进入游戏，如图 5 - 24 所示。

第四步：设置游戏角色，角色设置完毕，单击“开始游戏”。如图 5 - 25 所示。就可以进入到游戏界面了。

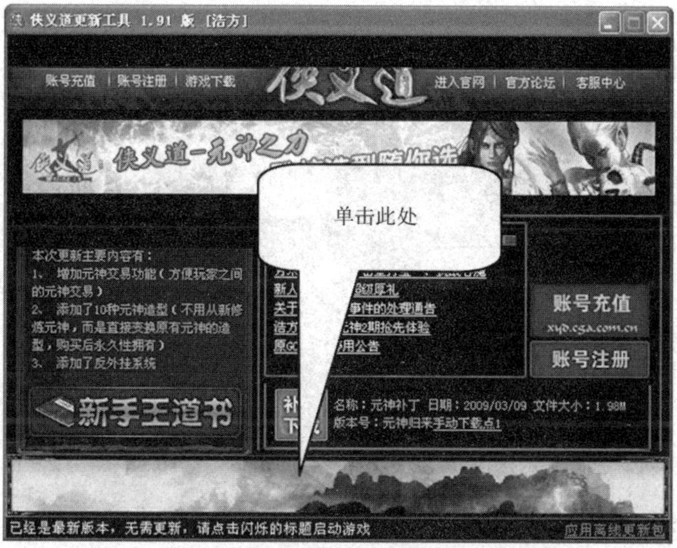

图 5－23　单击“进入游戏”

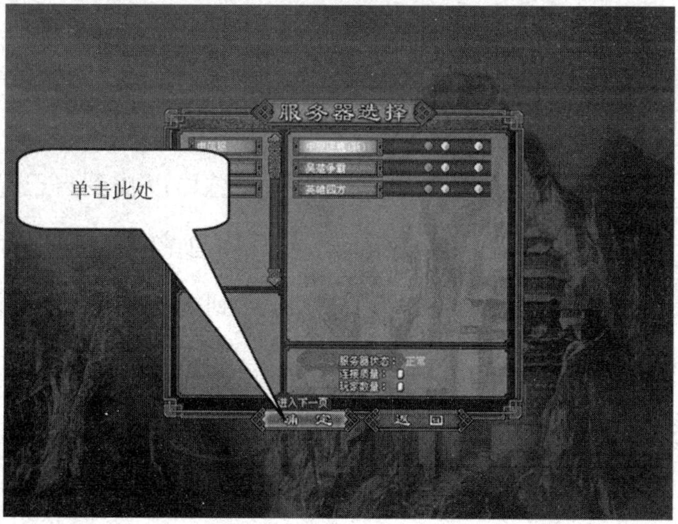

图 5－24　单击“确定”

除了以上几种在线游戏外，网络中还有许多其他的在线游戏，如 Flash 游戏、快乐圈游戏等。是不是很丰富呢？那就赶快摩拳擦掌，上阵对练一番！

图 5－25　设置游戏角色后，单击“开始游戏”

二、网上视听真精彩

网上的娱乐休闲资源非常多，朋友们总可以找到自己感兴趣的网站，下面我们就推荐几类网址供大家休息之余，慢慢品味。大家也可以用我们前面所学的方法，自己到 Internet 上搜索喜爱的网站。

1. 在线电影院

电影与音乐的魅力是永恒的，感人的故事情节让人泪流满面，优美的音符旋律令人心旷神怡，使人的情操得到陶冶。而且在网上看电影省去了到电影院看电影的麻烦，而且可以随心所欲地选择喜欢的电影，真是乐哉优哉！

网上在线电影网站星罗棋布、数不胜数，这里介绍几个常见的网站。

（1）21CN 宽频影院

21CN 宽频影院（vtel. 21cn. com/index_ bb. jsp）主要有电影、电视、娱乐和新闻等多种类型内容服务。其中，网络影视服务包括在线播放、下载播放和高清下载播放等。如图 5－26 所示为 21CN 宽频影院首页。

图 5－26 21CN 宽频影院首页

（2）世纪环球在线

世纪环球在线（www. g－film. com）——中国第一家电影系统外的院线公司，以中国电影产业化进程中的排头兵的崭新面貌面世，拥有电影片库、环球影讯、影人追踪、在线宽频、电影音乐、热点影评等栏目，内容丰富，值得一看！如图 5－27 所示。

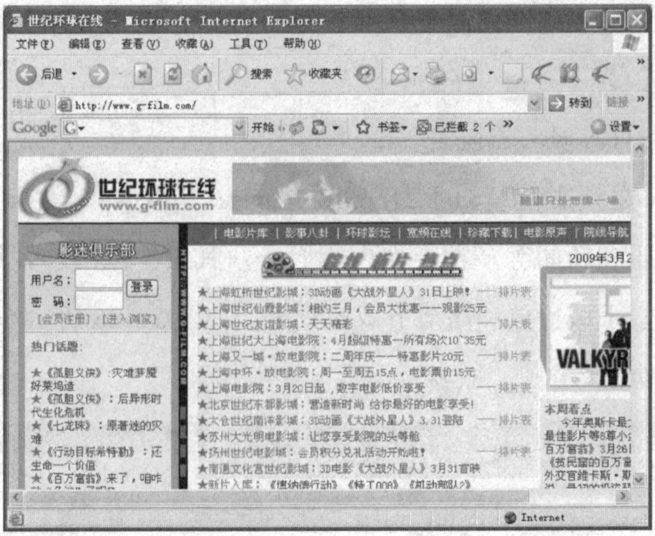

图 5－27　世纪环球在线首页

（3）西部影视

西部影视（www. lz778tv. cn）为用户提供了电影、电视和综艺节目等内容的服务。如图 5－28 所示为西部影视首页。

图 5－28　西部影视首页

（4）鸿波网视

鸿波网视（hbol. net）为用户提供了一流的流媒体视听服务和相关娱乐资讯。近年来，它相继推出了用户喜好的频道，如全球影库、私房影院、周末有约、凤凰世界、TVB 港剧等。如图 5－29 所示为鸿波网视首页。

图 5－29　鸿波网视首页

2. 在线音乐欣赏

（1）中国音乐在线网

中国音乐在线网（http：//www. mtvtop. net）是一家提供以音乐为主线并包含娱乐咨询的专业内容网站。登录网站后，你可以看到娱乐咨询、新碟推荐和音乐评论。强大的 MP3 搜索引擎可以任意搜索歌曲和歌词。如图 5－30 所示。

图 5－30　中国音乐在线网首页

（2）九天音乐网

九天音乐网（http：//9sky. com）是一个以提供音乐相关服务为基础的娱乐网站，拥有全国最大最全的音乐数据库，可以在线试听歌曲、下载歌曲，有全面的音乐排行推荐、歌手相关资料提供、歌词欣赏、音乐资讯，还有音乐教学等相关内容。如图 5－31 所示。

（3）百度 MP3

百度 MP3（http：//mp3. baidu. com/）是目前全球最大中文 MP3 搜索引擎，在百度 MP3，你可以便捷地找到最新、最热的歌曲，更有丰富、权威的音乐排行榜，指引华语音乐的流行方向。用户可以发布个性专辑，分享音乐体验。如图 5－32 所示。

图 5－31　九天音乐网首页

图 5－32　百度 MP3 界面

（4）搜刮 MP3 强力搜索

搜刮 MP3 强力搜索（http：//www. sogua. com/）是目前中国最大最好的娱乐资源搜索引擎，它的 MP3 搜索功能自然也是非常的强大。利用它，你在网上可以快速搜索到你想要的歌曲，任意选择和你连接速度快的地方下载即可。如图 5－33 所示。

图 5－33 搜刮 MP3 强力搜索界面

3. **动漫网址推荐**

Flash 动画是网上非常流行的，通过 Flash，大家可以充分地发挥自己的想象空间，制作自己喜爱的动画短片或者是动画 MTV 等等。在线欣赏别人的 Flash 作品也是一种享受，下面推荐几个著名的 Flash 欣赏网址。

(1) 闪客帝国

闪客帝国（www.flashempire.com/）被网民称为“中国闪客第一站”，被媒体评价为“闪客文化的发源地”，所以要想欣赏 Flash 动画，这里是非去不可的！闪客帝国网页如图 5－34 所示。

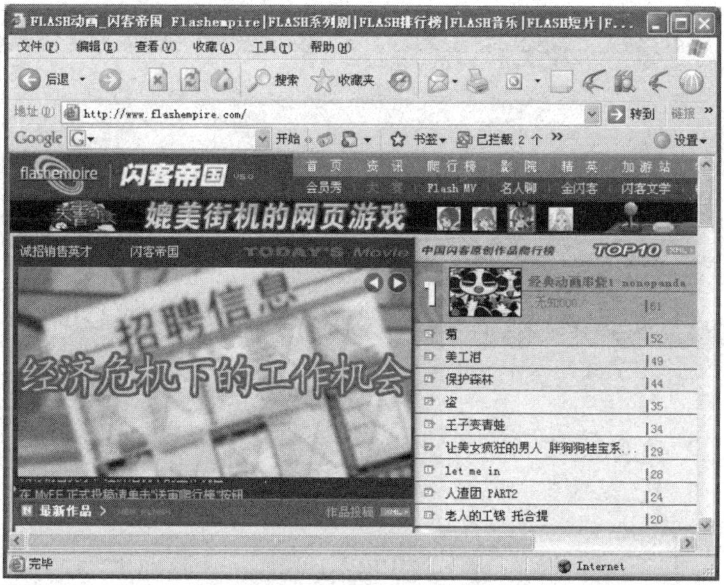

图 5－34　闪客帝国界面

（2）闪吧

闪吧（www. flash8. net）作为国内 Flash 技术和欣赏网站的后起之秀，已经成为中国 Flash 技术和展示的权威网站，它可以 24 小时接收 Flash 新作品的展示，更新非常快，特别是它的技术力量，使得闪吧的 Flash 教学服务开展得有声有色。主页如图 5－35 所示。

4. 网上听广播

目前，许多电台在 Internet 上都提供了在线广播服务，用户可以直接通过电脑收听广播电台节目。

青少年朋友们还可以利用电台学英语。听纯正的英语，是不是很过瘾呢。好，我们赶快来看看有哪些在线广播。

（1）中国广播网

中国广播网（www. cnr. cn/）是中央人民广播电台主办的，它

图 5－35 闪吧主页

具有鲜明的广播特色，因此它是中国最大的音频广播网站，其一流的流媒体音频广播技术，为网民提供了中央人民广播电台 9 套节目的在线直播、270 多个重点栏目的在线点播服务等。如图 5－36 所示。

（2）北京广播网

北京广播网（www. bjradio. com. cn）由北京人民广播电台主办，英文缩写为“RBC”。目前，该电台拥有 8 套开路广播，15 套有线调频，并拥有众多听众喜爱的优秀节目，如《北京新闻》《新闻 2005》《欢乐正前方》等。如图 5－37 所示。

（3）中国国际在线

中国国际在线（http：//gb. cri. cn/）的环球调频广播可以收听全球主要语言的实时广播。如图 5－38 所示。

图 5－36　中国广播网首页

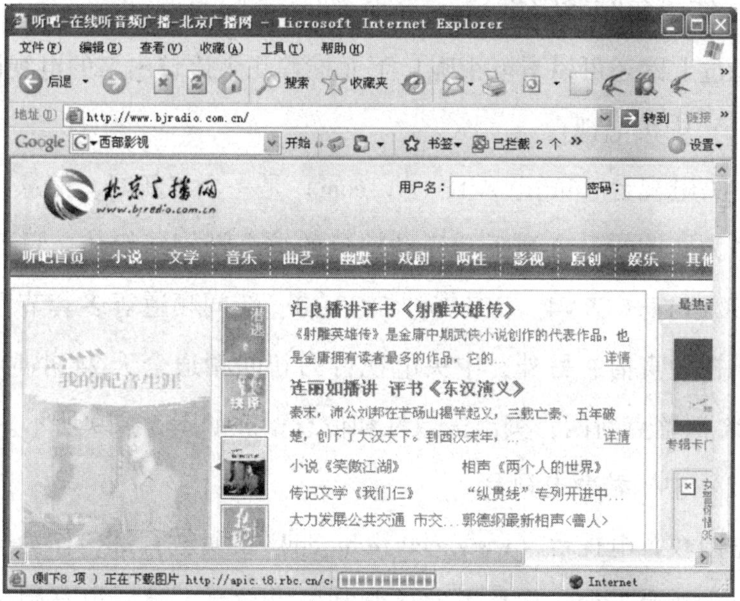

图 5－37　北京广播网首页

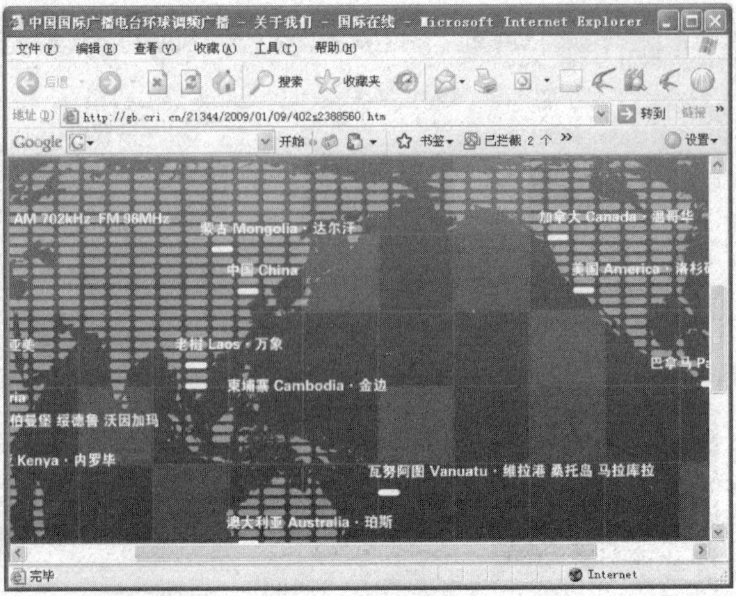

图 5－38　中国国际在线首页

5. 在线看网络电视

通过上网还可以看电视呢！下面推荐几个比较出名的电视网站。

(1) 中央电视台

中央电视台（http：//tv. cctv. com）是一个集新闻、信息、娱乐和服务为一体的具有视听和互动特色的综合性网络媒体。目前已实现了 CCTV1、CCTV4、CCTV9、CCTV10、新闻频道等多套节目的在线同步视频直播。另外，中央电视台的新闻频道全天 24 小时播出，全天 24 档整点新闻，突出失效性和信息量。如图 5－39 所示。

(2) 中国教育电视台

中国教育电视台（www. cetv. edu. cn）隶属教育部，作为全国最大的公益教育平台，肩负着宣传党和国家教育方针、提高国民教育

图 5－39　中央电视台网页

文化素质、促进广大青少年健康成长的使命。并为服务学习型社会、服务人力资源能力建设、服务办好人民满意的教育而服务。开办了影视频道、视听频道、求知频道、家长频道、动漫频道、培训频道等特色栏目。如图 5－40 所示。

图 5－40　中国教育电视台网页

小知识 除了通过网站看电视，用户还可以使用专门的观看网络电视的软件在线收看电视，如 PPLive、PPStream、QQLive，它们都可以从天空软件网站和华军软件园中找到。你可以使用前面章节讲解的方法将其下载并安装到电脑中。

三、跟我学用流媒体播放软件

目前，随着 Internet 技术的飞速发展，网络的速度越来越快，很多网络提供商都支持在线流媒体播放，在线欣赏的音乐站点和视频点播站点如雨后春笋。我们不用等到整个文件全部下载完毕再播放它，而是一边下载文件一边收听。只是在播放之前需要下载该文件的部分内容，将该内容存放在缓冲区里，所以在开始时会有一些延迟，剩余的文件部分将在你欣赏节目的时候后台从服务器继续下载，节省了大量的下载时间。这里给大家介绍两款常见的流媒体播放软件。

1. 微软的 Windows Media Player 9.0

微软的市场嗅觉总是最灵敏的。作为软件行业的老大，在流媒体这一广阔的市场上，微软的起步不是最早，但是它占据的市场份额却越来越大，俨然成为流媒体市场的霸主。当然，微软的这一切是与其在 Windows 操作系统中捆绑 Media Player（媒体播放器）分不开的。

Windows Media Player 的外观比较华丽，性能出色，但是由于微软在这款软件中集成了大量的附加功能，偏重功能的全面性，如广播电台、播放复制 CD、寻找 Internet 视频等，因此给人感觉整体速度很慢。本节以 Windows Media Player 9.0 为例，因为 Windows XP 中预装的就是它。

无需安装，直接点击“程序”→“附件”→“娱乐”的“Windows Media Player”就可以启动程序，或者点击快速启动栏中的 Windows Media Player 图标也可以，如图 5－41（a）所示。Windows Media Player 启动以后，如图 5－41（b）所示。

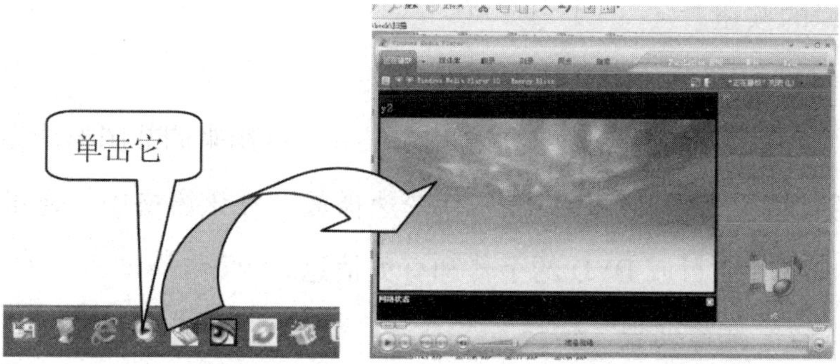

（a）　　　　（b）

图 5－41　启动 Windows Media Player

可以看到 Windows Media Player 界面包含几个区域，每个区域都显示特定的信息（如所听唱片的详细资料），或包含用于执行某一操作，如播放 CD 或调节图形均衡器级别的控制按钮。

（1）功能任务栏

“功能任务栏”包括 7 个按钮，分别对应 7 个主要的播放机功能：“正在播放”“媒体指南”“从 CD 复制”“媒体库”“收音机调谐器”“复制到 CD 或设备”和“外观选择”。

(2)“播放控件”区域

播放控件显示在播放机的底部，使用这些控件可以调节音量控制基本播放任务，如对音频和视频文件执行播放、暂停、停止、倒带以及快进等操作。

(3)“播放列表选择”区域

“播放列表选择”区域包含以下控件：一个用于选择播放列表或要播放的其他项的框；一组显示“正在播放工具”和“播放列表”窗格的按钮；以及一组用于随机播放“播放列表”中各项以及显示菜单栏的按钮。

(4)“正在播放工具”窗格

“正在播放工具”窗格包含几个工具，可用来调节图形均衡器级R视频设置、音频效果以及DVD变速播放。在该窗格中，还可以查看当前唱片曲目或DVD的字幕和有关信息。

(5)“播放列表”窗格

“播放列表”窗格显示当前播放列表中的各项。对于DVD，“播放列表”窗格显示DVD标题和章节的名称。

下面我们就试一试，用Windows Media Player来收看在线电视节目，登录华中科技大学的醉晚亭网站（http：//www. zuiwan. net/），在网页中找到CCTV5的在线直播链接。

点击CCTV5的链接，Windows Media Player会自动启动，缓冲几秒以后，就可以收看CCTV5的体育节目了。

2. RealNetworks的Real Player 11

RealOne Player以前的版本Real Player，是一个老牌的媒体播放器，以前这个软件除了播放 Real 自己的文件外，对其他的文件播放支持并不是很好。最近，RealNetworks 推出了 Real Player 的最新升级版本——Real Player 11。这个新版本的软件，与以前的版本相比，有了突飞猛进的变化。它不但提供了目前我们常见的几乎所有媒体格式文件支持和华丽的界面外观，还提供了播放列表管理、抓取 Audio CD 音轨、在线网络收音机、在线收看网络电视、直接将你的音乐文件刻录为音乐 CD、直接在 Internet 上搜索自己感兴趣的娱乐信息等等功能。

下面就为大家简单地介绍一下这款软件的安装和使用。

先到 Real 的网站（http：//www. real. com）下载这个软件，或者在国内的软件下载网站找到它。软件下载完成后。直接运行即可开始安装，如图5 -42所示。

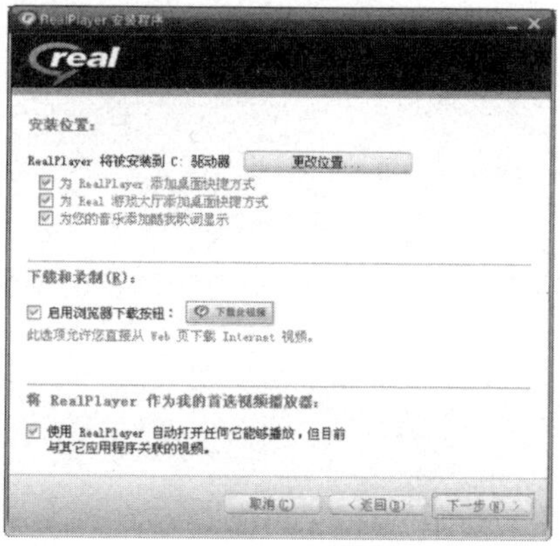

图 5 -42　安装 Real Player 11

图 5 -43　CCTV 视听在线

使用 RealOne Player 看在线视频和用 Windows Media Player 一样简单，不过需要在线视频的格式是 RealPlayer 支持的格式才行。这点大家倒是不用担心，把 WindowsMeida Player 和 RealOne Player 都安装好了，点击在线视频链接的时候，程序会自动调用的，不知道格式也不要紧哦！比如中央电视台的视听在线栏（www. cctv. com/tvonline/liveshow/index. shtml）就同时提供两种格式的在线直播。如图 5－43所示。

真的是很简单！你也去试一试到网上去看电视哦！

第六章　网络安全——助你一臂之力

正沉醉于曼妙的网上之旅，可电脑却总是莫名其妙地蓝屏或死机，运行速度一慢再慢，真是郁闷啊！

我想是电脑的原因吧？……唉，还是重新启动电脑吧！

怎么回事？QQ 怎么老掉线呢！“＄#&!%……”啊！“密码错误，请重新登录?!!”

QQ 被盗了！哪个坏蛋干的！怎么回事啊？快看网络安全秘籍吧！

互联网使我们的生活变得丰富多彩，人们充分享受网络所带来的方便和快乐时，也面临着越来越多的安全隐患。如果不加以防范，我们电脑上的重要资料将会暴露无遗，而且说不定在什么时候，有人已经悄悄地侵入了自己的系统，而自己却全然不知。比如，当你陶醉在精彩的网上之旅时，电脑总是莫名其妙地蓝屏或死机，运行速度一慢再慢。你会以为是电脑的原因，于是一边对电脑发牢骚，一边不得不三番五次地重新启动电脑。但问题只是越来越严重，你怎么也没想到，有人在暗中监视你，你已经成了猎物……又比如，当你在 QQ 里和朋友聊得正得意的时候，却不知道危险正在靠近。你不经意得罪了一位 QQ 上的朋友。于是从此后，你的 QQ 总是莫名其妙地掉线，你的电脑总是出现莫名其妙的症状。你为此郁闷、不安……

如果你在使用电脑上网中出现过类似的问题，那你就不得不仔细看看这一章了。Internet 上对计算机安全威胁最大的，莫过于病毒的感染和入侵者的人为破坏。本章将介绍如何在上网的同时保护好自己的电脑，尽量避免各种各样的侵害，诸如病毒、入侵者，或者是不良信息等。

一、认识计算机病毒

信息时代，计算机病毒对于人们就如洪水猛兽一般可怕，“病毒猛于虎”啊。那么计算机病毒到底是何许物也？让我们来了解它吧。

1. 什么是计算机病毒

计算机病毒（Computer Virus）在《中华人民共和国计算机信息系统安全保护条例》中被明确定义，病毒是指“编制或者在计算机程序中插入的破坏计算机功能或者破坏数据，影响计算机使用并且能够自我复制的一组计算机指令或者程序代码”。计算机病毒就像生物病毒一样，计算机病毒有独特的复制能力。计算机病毒可以很快地蔓延，又常常难以根除。它们能把自身附着在各种类型的文件上。当文件被复制或从一个用户传送到另一个用户时，它就随同文件一起蔓延开来。

现在流行的病毒是由人为故意编写的，多数病毒可以找到作者和产地信息，从大量的统计分析来看，病毒作者主要情况和目的是：

一些天才的程序员为了表现自己和证明自己的能力，处于对上司的不满，为了好奇，为了报复，为了得到控制口令，为了软件拿不到报酬而预留的陷阱等。当然也有因政治、军事、宗教、民族、专利等方面的需求而专门编写的，其中也包括一些病毒研究机构和黑客的测试病毒。

计算机病毒的存在并不是一朝一夕的事，早在个人计算机诞生之初，计算机病毒就一直与之形影不离，它们捣毁计算机系统，破坏数据，干扰计算机的运行，以至于计算机用户们惶惶不可终日。然而，最可悲的却是这一切都源自于一场游戏。

20 世纪 60 年代初，三个在美国著名的 AT&T 贝尔实验室中工作的年轻人在工作之余，玩起一种叫做“磁芯大战”的游戏：他们彼此编写出能够吃掉对方程序的程序进行互相攻击。这个很无聊的游戏就是“病毒”的第一个雏形。

在互联网广泛普及之前，计算机病毒通常被封锁在独立的计算机中，主要依靠软盘进行传播，要进行广泛传播是比较困难的。然而在互联网普及之后，这些零散的计算机病毒仿佛一夜之间突然插上了翅膀，可以在全世界范围内随意穿梭，它们神出鬼没，在人们不经意之时向计算机系统发起攻击。

互联网的开放性，为计算机病毒的广泛传播提供了有利环境，而互联网本身的安全漏洞则为培育新一代病毒提供了绝佳的条件。为了让网页更加精彩漂亮、功能更加强大，人们开发出了 ActiveX 技术和 Java 技术，然而病毒程序的制造者也用同样的渠道，把病毒程序由网络渗透到个人计算机中。这便是近两年崛起的第二代病毒，即所谓的“网络病毒”。

随着以红色代码、Sircam，nimada，“求职信”、“坏透了”、gonrner（将死者）等为代表的“网络病毒”出现后，一切都发生了变化。以前用户只要不乱用盗版软件，不胡乱打开不明来历电子邮件的附件，不去访问非法网站，基本不会感染计算机病毒。然而现在的病毒很主动，会自己找上门来，传播速度让人瞠目结舌，杀毒防毒由此完全成了厂商专业化的行为，对于普通用户来说，别说防范，有时候连理解恐怕都成了问题。加上病毒种类繁多，工作原理又各不一样，所以对青少年朋友们来说，首先要知道电脑中毒之后可能会有哪些奇怪症状，根据这些症状，可以初步判断出机子是否感染了病毒，然后学会使用常用的病毒防护软件，加上良好的上网习惯，尽量使自己远离网络病毒的骚扰。

如何判断计算机是否中了病毒呢？如果你的爱机出现了下列计算机中毒后的症状，那你就要警惕了，你的电脑很可能感染了病毒，就必须利用专门软件查杀病毒或重装系统了。

（1）计算机系统运行速度减慢；

（2）计算机系统经常无故发生死机；

（3）计算机系统中的文件长度发生变化；

（4）计算机存储的容量异常减少；

（5）系统引导速度减慢；

（6）丢失文件或文件损坏；

（7）计算机屏幕上出现异常显示；

（8）计算机系统的蜂鸣器出现异常声响；

（9）键盘输入异常；

（10）文件的日期、时间、属性等发生变化；

（11）文件无法正确读取、复制或打开；

（12）系统异常重新启动；

（13）一些外部设备，如打印机工作异常；

（14）WORD 或 EXCEL 提示执行“宏”。

> **小知识**
>
> 电脑病毒的传播途径主要有如下两种：一是移动存储设备，即 U 盘、软盘、光盘等，是电脑病毒的主要传播介质。二是电脑网络，逐渐成为病毒传播的最主要途径。

2. 常见的防病毒软件简介

互联网是一个伟大而令人兴奋的世界，但是如果你不使用好的防病毒应用，那么它也可以是一个危险的世界。目前常见的防病毒软件有瑞星、卡巴斯基、金山毒霸、ESET NOD32 等等，下面给大家介绍一个大众化的杀毒软件——瑞星杀毒软件的功能和使用方法。

（1）瑞星杀毒软件

瑞星杀毒软件以及强大的功能和操作的方便性，成为国产杀毒软件的“领头羊”。在广大公测用户和瑞星工程师的共同努力下，新近隆重推出了“瑞星全功能安全软件 2011”。

“瑞星全功能安全软件 2011”正式发布，它基于瑞星“云安全”技术开发，实现了彻底的互联网化，是一款超越了传统“杀毒软件”的划时代安全产品。该产品集“拦截、防御、查杀、保护”多重防护功能于一身，并将杀毒软件与防火墙的无缝集成为一个产品，实现两者间互相配合、整体联动，同时极大地降低了电脑资源占用。

瑞星 2011 拥有三大拦截、两大防御功能：木马入侵拦截（网站拦截 + U 盘拦截）、恶意网址拦截、网络攻击拦截；木马行为防御，出站攻击防御。这五大功能都是针对目前肆虐的恶性木马病毒设计，可以从多个环节狙击木马的入侵，保护用户安全。

我们可以从市场上购买或从网络下载该软件，当有了该软件的安装文件和序列号后，就可以在你的电脑上安装该软并建立我们的“网上保镖”了。瑞星杀毒软件 2011 版的界面如图 6－1 所示。

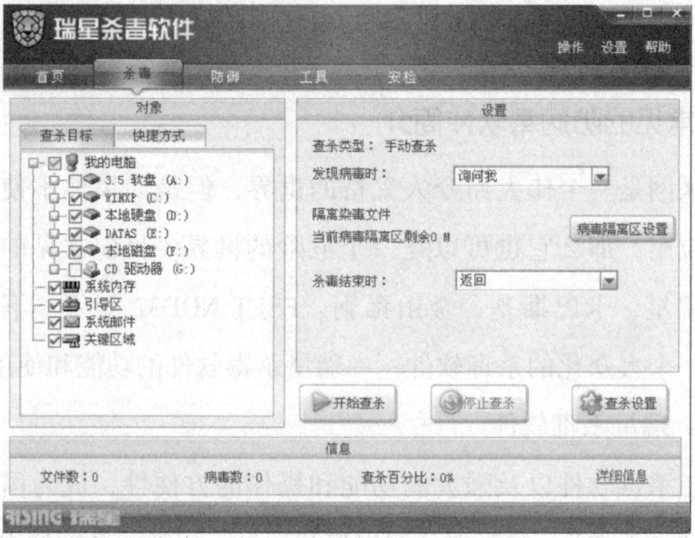

图 6－1　瑞星杀毒软件 2011 版

（2）瑞星防火墙

防火墙是一个由软件或硬件设备组合而成，用以分隔本地网络和外界网络的资讯防护系统。它对流经的网络通讯进行扫描，它能过滤掉部分的电脑病毒以及一些黑客对本地网络的攻击。此外，防火墙也可以透过防止由特定端口流出任何本地通讯或禁止一些来自特殊站点的访问，以达到保护本地网络及个人电脑的目的。

“瑞星个人防火墙 2011”最大的亮点是木马入侵拦截功能，该功能可以将大部分木马病毒阻挡在电脑之外。专门针对互联网上通过“挂马”网站泛滥的木马病毒，可以有效阻止木马病毒通过“挂马网站”入侵用户电脑。瑞星个人防火墙 2011 版的界面如图 6－2 所示。

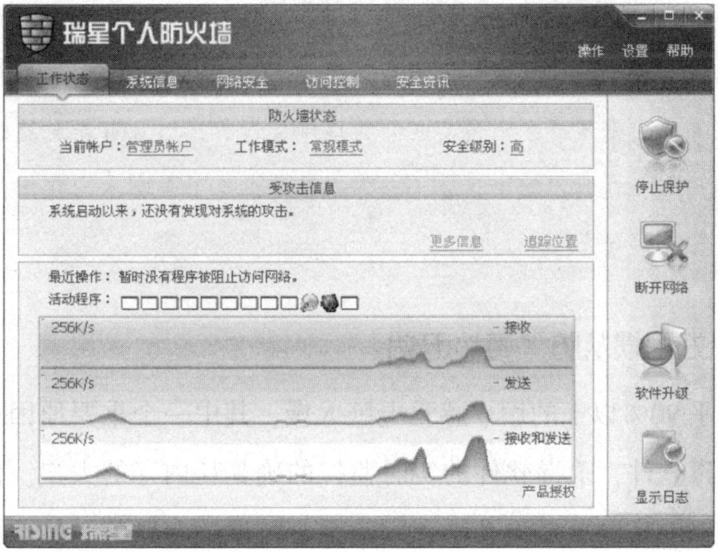

图 6－2　瑞星个人防火墙 2011 版

计算机木马的名称来源于古希腊的特洛伊木马的故事，希腊人围攻特洛伊城，很多年不能得手后想出了木马的计策。他们把士兵藏匿于巨大的木马中，在敌人将其作为战利品拖入城内后，木马内的士兵爬出来，与城外的部队里应外合而攻下了特洛伊城。

千万不要以为安装了买来的正版杀毒软件就高枕无忧了。请你在安装了防病毒软件之后，别忘了定时升级病毒库。瑞星杀毒软件升级过程较为简便，只要在主程序上点击“在线升级”即可快速、安全地升级。

小知识

计算机木马的设计者套用了同样的思路，把木马程序插入正常的软件、邮件等宿主中。在受害者执行这些软件的时候，木马就可以悄悄地进入系统，向黑客开放进入计算机的途径。

如果你的机器有时死机，有时又重新启动；在没有执行什么操作的时候，却在拼命读写硬盘；系统莫明其妙地对软驱进行搜索；没有运行大的程序，而系统的速度越来越慢，系统资源占用很多；用任务管理器调出任务表，发现有多个名字相同的程序在运行，而且可能会随时间的增加而增多，这时你就应该查一查你的系统，是不是有木马在你的计算机里安家落户了。

3. 好习惯从防“毒”开始

几乎90%以上的用户感觉电脑太慢，其中一个重要原因就是安装了杀毒软件，杀毒软件的实时监控的确是耗内存的大户。但网上日益猖獗的病毒总是无孔不入，甚至有时候还会碰到一些顽固的正常情况下无法清除的病毒，很是棘手。所以，养成良好的上网习惯也非常重要，下面就列出几条规则，希望大家上网的时候要严格遵守。

（1）应该定期升级所安装的杀毒软件（如果安装的是网络版，可在安装时可先将其设定为自动升级），给操作系统打补丁、升级引擎和病毒定义码。

（2）一定不要打开不认识的邮件，不要随意下载软件，要下载就一定要到正规的网站去下载。同时，网上下载的程序或者文件在运行或打开前要对其进行病毒扫描。如果遇到病毒及时清除，遇到清除不了的病毒，及时提交给反病毒厂商。

（3）不要随意浏览黑客网站（包括正规的黑客网站）、色情网站。

（4）尽量备份。其实备份是最安全的，尤其是重要的数据和文章，很多时候，其重要性比安装防御产品更甚。

（5）用户每个星期都应该对电脑进行一次全面的杀毒、扫描工作，以便发现并清除隐藏在系统中的病毒。

（6）应该注意尽量不要所有的地方都使用同一个密码，这样一旦被黑客猜测出来，一切个人资料都将被泄漏。

（7）上网时不要轻易听信他人通过电子邮件或者 P2P 软件发来的消息。

（8）对于经常使用 P2P 类下载软件（如 BT）的用户，推荐每个月整理一下磁盘碎片，只要不是频繁地整理碎片是不会对硬盘造成伤害的，另外，注意不要经常使用低级格式化。

（9）当用户不慎感染上病毒时，应该立即将杀毒软件升级到最新版本，然后对整个硬盘进行扫描操作。清除一切可以查杀的病毒。

如果病毒无法清除，或者杀毒软件不能做到对病毒体进行清晰的辨认，那么应该将病毒提交给杀毒软件公司，杀毒软件公司一般会在短期内给予用户满意的答复。而面对网络攻击之时，我们的第一反应则应是拔掉网络连接端口，或按下杀毒软件上的断开网络连接钮。后手动运行杀毒软件进行查杀病毒。

二、传说中的黑客

相信青少年朋友都知道黑客，如果大家看过《黑客帝国》，一定会被电影里黑客神秘的形象所吸引。在现实的网络世界里，黑客同样也是最神秘的一个名字，总之，黑客给我们的感觉除了神秘就是技艺高超。下面就让我们直面黑客，揭开它的神秘面纱。

1. 揭密黑客

被称为黑客的人都是计算机高手，都有一些与众不同的特点，人们又把他们当作网络时代的“牛仔”。他们在网络空间自由穿梭，从一台计算机进入另一台计算机，不留任何痕迹，有人将他们当作罪犯，而有的人认为他们是英雄；有的人认为他们是网络犯罪的源泉，而有的人又将他们当作是网络时代的警察与执法者。那么，到底什么是黑客呢？

首先，“黑客”是个中性词。在黑客圈中，hacker 一词无疑是带有正面的意义，例如 system hacker 熟悉操作系统的设计与维护；password hacker 精于找出使用者的密码，若是 computer hacker 则是通晓计算机，可让计算机乖乖听话的高手。有些黑客试图破解某系统或网络以提醒该系统所有者的系统安全漏洞。这群人往往被称做“白帽黑客”或“匿名客”（sneaker）或红客。许多这样的人是电脑安全公司的雇员，并在完全合法的情况下攻击某系统。

现在，“黑客”这个词十分流行，意思却变成了“非法入侵计算机系统的人”。其实，许多专家都知道，这种人应该叫做“Cracker”(破坏者或者骇客)。

无论怎样给他们下定义，他们都有两个特征：一个是计算机方面的高手；另一个是具有侵入其他系统的能力。想要深入了解黑客，你还可以登录中国黑客联盟 http：//www. chinahacker. com。

2. 防范黑客

我们知道了什么是黑客，也基本上认清了它的真实面目，那么如何防范这些黑客呢！古语云：知己知彼，方能百战不殆。因此，我们只有充分了解黑客入侵的基本手法，才能知己知彼，对症下药，寻求防范黑客的高招。那么，朋友们，让我们一起来了解黑客的“黑幕”吧！

(1) 黑客常用入侵手段

❖口令入侵

所谓口令入侵，就是指用一些软件解开已经得到但被人加密的口令文档，不过许多黑客已大量采用一种可以绕开或屏蔽口令保护的程序来完成这项工作。对于那些可以解开或屏蔽口令保护的程序通常被称“Crack”。由于这些软件广为流传，使得入侵电脑网络系统有时变得相当简单，一般不需要很深入了解系统的内部结构，是初学者的好方法。

❖后门软件攻击

后门软件攻击是互联网上比较多的一种攻击手法。Back Orifice2000、冰河等都是比较著名的特洛伊木马，它们可以非法地取得用户电脑的超级用户级权利，可以对其进行完全的控制，除了可以进行文件操作外，同时也可以对别人的桌面抓图、取得密码等操作。这些后门软件分为服务器端和用户端，当黑客进行攻击时，会使用用户端程序登陆上已安装好服务器端程序的电脑，这些服务器端程序都比较小，一般会随附带于某些软件上。有可能当用户下载了一个小游戏并运行时，后门软件的服务器端就安装完成了，而且大部分后门软件的重生能力比较强，给用户进行清除造成一定的麻烦。当大家在网上下载数据时，一定要在其运行之前进行病毒扫描，从而杜绝这些后门软件。在此值得注意的是，最近出现了一种 TXT 文件欺骗手法，表面看上去是一个 TXT 文本文件，但实际上却是一个附带后门程序的可执行程序，另外有些程序也会伪装成图片和其他格式的文件，请大家在上网时一定要留心。

❖监听法

这是一个很实用但风险也很大的黑客入侵方法，但还是有很多入侵系统的黑客采用此类方法，正所谓艺高人胆大。

网络节点或工作站之间的交流是通过信息流的转送得以实现，而当在一个没有集线器的网络中，数据的传输并没有指明特定的方向，这时每一个网络节点或工作站都是一个接口。这就好比某一节点说："嗨！你们中有谁是我要发信息的工作站。"

此时，所有的系统接口都收到了这个信息，一旦某个工作站说："嗨！那是我，请把数据传过来。"连接就马上完成。

有一种叫 sniffer 的软件，它可以截获口令，可以截获秘密的信息，可以用来攻击相邻的网络。

❖E－mail 技术

电子邮件是互联网上运用得十分广泛的一种通讯方式。黑客可以使用一些邮件炸弹软件或 CGI 程序向目的邮箱发送大量内容重复、无用的垃圾邮件，从而使目的邮箱被撑爆而无法使用。当垃圾邮件的发送流量特别大时，还有可能造成邮件系统对于正常的工作反应缓慢，甚至瘫痪，这一点和后面要讲到的拒绝服务攻击（DDoS）比较相似。对于遭受此类攻击的邮箱，可以使用一些垃圾邮件清除软件来解决，其中常见的有 SpamEater、SpamKiller 等，OutLook 等收信软件同样也能达到此目的。

❖隐藏技术

以上只是介绍了黑客入侵方法的很小一部分，而在世界各地的黑客们正以飞快的速度创造出各种最新的入侵方法。

（2）防范黑客攻击的基本措施

❖隐藏及保护 IP 地址

黑客袭击你的第一步就是查找你的 IP 地址，因为个人用户上网使用的是动态 IP 地址，也就是说，每次上网的 IP 地址都不一样，所以断线之后再上网，地址就改变了，这可以有效地防止黑客通过网络共享等手段的入侵及 IP 地址炸弹的袭击。不过，由于需要断线很不方便，另外有可能电脑被侵入很久才发现。这时，就需要用隐藏 IP 地址这个办法了。

目前，隐藏 IP 地址最常用的方法有三个：一是使用代理服务器(Proxy Server)，这样在浏览网站、聊天等的时候，留下的网址是代理服务器的，从而达到隐藏的目的。二是使用隐藏 IP 地址的软件如

Norton Internet Security，它具有隐藏 IP 地址的功能。三是把局域网中的电脑浏览器中 Proxy 的地址设为与 Internet 连接的那台电脑的地址。这几个方法在一定程度上能够防范黑客入侵，但黑客有时候会利用端口扫描找到你的 IP 地址，所以要加强计算机端口的防范。

❖计算机端口的防范

黑客和病毒对你入侵时，要不断扫描你的计算机端口，如果你安装了多窗口监视程序（比如 Netwatch），该监视程序则会有警告提示。入侵者很可能连续频繁扫描端口，以寻找时机，监视程序也会不断地提示你。如果你遇到这种入侵，可用工具软件关闭不用的端口，比如，用 Norton Internet Security 关闭不用的 80 和 443 端口这两个端口提供 HTTP 服务。如果你不提供网页浏览服务可以关闭；关闭 25 和 110 端口。这两个提供 SMTP 和 POP3 服务，不用时也应当关闭，其他一些不用的端口也可关闭。关闭了这些端口，就将黑客入侵拒之门外了。在 TCP/IP 上，Windows 是通过 139 端口与其他安装 Windows 系统的电脑进行连接的，关闭此端口，可以防范绝大多数的黑客入侵。关闭步骤："网络"→"配置"→"属性"→"绑定"/Microsoft 网络客户端，把此项前面的"对号"去掉。若无此项可不作变动。

❖使用 QQ 的安全设置

QQ 是经常使用的一种网上即时通信软件，它具有发信息、传送文件、语音传送、二人世界、网络会议等多种功能。但是安全问题也必须引起重视。因此，在使用 QICQ 时，首先要在"系统参数"→"安全设置"选项中，选取"拒绝所有陌生人消息"及"拒绝旧版所有消息"，并启用本地消息口令。另外，用QICQ时，可把"需要身份验证才能列为我的好友"一项选中，同时请不要在公用机上用QICQ，因为即使设有密码。别人也容易看到你的网上活动记录。由于现在通过查找地址的软件很多，许多隐藏地址的软件对此往往无能为力。因为在使用QICQ时，每隔一段时间，服务器就会给你广发一个数据包，里面就是你当前好友的QICQ号码与当前的IP地址。以前，网上有一些专门的QICQ炸弹，如果你不幸遇上就会因为连续接收数据太多而导致电脑死机，这时只能使用这些消除连续信息的方法与工具了。

❖申请和建立转信信箱

电子信箱如果被黑客轰炸，其后果是很严重的。你可能同时失去许多有用的信件，而且还要告诉所有朋友你更改后的电子信箱地址。所以，无论是付费的还是免费的信箱都要设法保护，首先应该去转信网站中申请一个转信信箱。因为它是不怕被炸的，不然，会影响到你使用的真实电子信箱。其次，在你使用的电子邮件软件（如Outlook，Foxmail）中找到限制电子邮件大小和垃圾电子邮件的项目并加以设置、避免垃圾电子邮件直接进入你的信箱。如果发现有可疑的电子邮件在服务器上，可使用一些登录服务器的程序（如Becky）直接删除该电子邮件。另外，最好不要随便告诉别人你的付费电子信箱地址，而告诉他们的是转信地址。

❖慎用远程管理工具

通常使用的远程管理工具软件有Netbus Pro和Back Orifice等Netbus Pro在Windows NT上运行，Back Orifice在WindoNTs 95/98和

NT 下运行。这些工具使你非常容易地利用因特网连接自己的电脑，并可以远程控制自己的电脑，不过这些工具也使入侵者更容易控制你的电脑，所以，应当采取措施加以预防。即使自己不使用远程管理工具，也要时刻提防这些远程管理工具侵入你的电脑。例如，不要打开来自陌生人的电子邮件附件。

怎么上网这么危险啊，都有点不寒而栗了！其实，做好你的基本防范措施，再安装一个防火墙软件（比如瑞星防火墙），就可以抵御网络的攻击了。

三、注重个人安全

个人安全问题主要包括人身安全、身心健康等，青少年的个人安全问题是网络安全的重要问题。如果青少年朋友玩电脑时间过长，会导致身理、心理和智力等出现一系列问题，特别是由于长时间过于机械的运动和思维会导致思维迟钝，联想能力差，缺乏创新意识等不良反应，从而影响青少年朋友身心的健康发展，也会严重影响到他们的学业。

1. 不得不防的网络陷阱

目前，网络已成为青少年学习知识、交流思想、休闲娱乐的重要场所，网络增强了青少年与外界的沟通和交流，有利于创造出全新的生活方式和社会互动关系，这些都对青少年的发展提供了有利的条件。但是，网络信息多种多样，青少年的辨别力较弱，对网络信息缺少必要的过滤，容易陷入各样的网络陷阱，对青少年的健康成长极为不利。对于青少年的网络威胁一般体现于以下几个方面：

（1）上网浏览不良信息，沉溺于黄色暴力网站；

（2）痴迷网络游戏，影响正常的学习生活；

（3）缺乏自我保护意识，约见网友，上当受骗；

（4）虚拟网恋，人身安全受到威胁；

（5）上网夜不归宿，带来不少社会问题；

（6）长时间受电脑辐射，影响视力及身体发育；

（7）玩电脑时间过长，过于机械，导致思维迟钝，联想能力差，缺乏创新意识；

（8）大脑长期处于机械状态，容易导致浮躁、心神不宁等心理疾病。

2. 上网必备的自我保护

互联网好似一把双刃剑，它为人们获取知识带来极大方便的同时，也不可避免的带来一些负面影响。对于中小学生朋友们，一方面要充分利用网络加强学习，另一方面更要学会如何避免遭受互联网负面影响的侵害。

（1）加强自我控制能力，要学会约束自己，有节制地上网

大家要认识到，无节制地沉迷于上网，将会直接严重危害到自己的身体健康，甚至会出现像南昌学生余斌一样心力衰竭“猝死”于网吧的情况。医学专家指出，长期沉迷于刺激性的电脑游戏，人脑处于高度紧张状态，时间一长，很可能导致“超限抑制”现象，

使其电脑以外的“兴奋灶”减少。因此，在生活中长期沉迷网络游戏的人，会对周围事物淡漠甚至麻木，导致植物神经紊乱，表现为易出汗、急躁、粗暴、激动甚至虚脱。同时，对于一些心脏不好、神经系统不稳定的人，刺激性电脑游戏极有可能成为疾病发作的诱因。而且沉迷于网络的人，很容易患上眼科疾病。长期面对电脑，近距离的光线刺激和电磁辐射伤害了眼球，而刺激性的游戏又容易让人兴奋、睡眠减少，使眼睛得不到正常休息，加重了眼睛负担。正常的生活规律被打乱后，容易造成水分摄入量减少，而网吧的环境比较差，透气性不好，眼睛自然会出现胀痛的现象，长时间在这种环境用眼还容易引起结膜炎甚至青光眼，也容易使人过早出现白内障。

所以，控制自己上网，做一个有自律性的青少年，对于自我身心健康发展具有重要作用。大家可以参照“共青团中央等八家单位联合发布的《全国青少年网络文明公约》（简称‘公约’）”规范自己的行为，“公约”较为明确地规定了青少年的网络行为道德规范，具体内容包括“五要五不”，即：“要善于网上学习，不浏览不良信息。要诚实友好交流，不侮辱欺诈他人。要增强自护意识，不随意约会网友。要维护网络安全，不破坏网络秩序。要有益身心健康，不沉溺虚拟时空。”

（2）将主要精力放在学习上

经不完全统计，上网的学生中，大约只有14%的人是上网学习，60%的人是上网聊天，26%的人是上网玩游戏等。特别值得注意的是，86%的人上网与学习毫无关系，很容易受到网上不健康内容的侵害。网络和电脑游戏大都充满了刺激性和超现实性，还因其商业性，大部分具有较强的吸引力，让人陷入其中，乐此不疲。正因为如此，作为中小学生，应该以学业为重，切莫“玩物丧志”，忘记了自己的人生追求，辜负了家长和老师的期望。不要等到学习成绩一落千丈，或者中、高考落榜，才后悔莫及。

另外，现在“网恋”是个时髦的名词，也许大家还没有考虑过“网恋”的危害之处。武汉市某中学一位网名叫“丘比特”的高三男生半年前泡网吧，结交4位女网友“网聊”“网恋”，网下又轮番与她们约会。上午跟“万人迷”逛公园，下午又陪“小紫”看电影，晚上再和“菲菲”唱卡拉OK，像赶场一样，结果学业荒废，高考名落孙山。实际生活中，这样的人大有人在，因此同学们要引以为戒，不能因为沉迷于网吧而荒废学业。

（3）合理安排使用家长给的零花钱，养成量入而出的消费习惯

父母给的零用钱要用在学习、生活和有益的文娱体育活动方面，不是用来泡网吧的。要知道，泡网吧上瘾了，就会除上网之外什么事都没有精神去干，那样给多少零用钱都不够用。贵州筑城一名小学生从迷恋网吧以来，不但将家长给买早餐的零花钱很快用完，还偷家里的钱到网吧上网玩暴力游戏，结果导致成绩急剧下滑，从班里的尖子生变成末等生。

（4）认真学习学校开设的信息技术课程，正确认识和使用互联网

通过认真学习信息技术课程，就会发现除了上网聊天、玩游戏，还有其他很多有意义的事情可以做，比方说利用电脑可以对文字进行排版，可以利用一些软件进行数据处理，还可以就自己感兴趣的

话题，去查阅相关网络，比如中国知网。一旦中小学生懂得了如何正确、有效地使用网络，将会有助于培养学习兴趣，扩大自己的知识面，开阔视野。

（5）树立健康的心理意识，消除网络的负面影响

网络对青少年造成的负面影响主要有三个方面：第一，网络演变成了青少年感受、实现自我价值的场所，网络成为青少年忘却生活烦恼的“防空洞”，生活不顺、时间没法打发时，他们首先想到网吧；第二，网络成了青少年寻找刺激、猎奇的场所，有的从聊天开始发展网恋，有的甚至利用网络行骗；第三，上网滋生青少年开支的“黑洞”，结果极易诱发犯罪。

因此，中小学生朋友们要正确对待网上交友、聊天等网络行为，以正常心态对待电子游戏中的刺激场面。要认识到网络虚拟世界中的兴奋与成功，并不代表现实生活中的成功。真正的成绩，来自于辛勤的劳动，来自于踏踏实实地学习和勤勤恳恳地积累。更不要把网吧当成精神寄托的场所，沉迷于虚拟世界中，要坚决把虚拟世界与现实世界区分开来，逐步树立健康的心理意识。笔者衷心希望中小学生朋友们，在网络信息时代中学会自我保护，正确地使用互联网，使网络更好得为学习服务。

为了抵制网络带来的不利影响，实现健康上网，那就让我们给自己制定一个明确的行动指南：

第一，确定每次上网的任务（比如查找学习资料、发邮件、看新闻报道、娱乐等等），要控制每次上网的时间。尽量在不影响自己正常生活、学习的情况下使用网络。最好平时用较少的时间进行网

络通信等，在节假日可集中使用。

第二，只与网上有礼貌的人交流。同时，在网络上交谈或写电子邮件的时候，请你保持礼貌与良好的态度。同时，如果在网上遇到不礼貌或者让你觉得不舒服的人，或收到这样的邮件，请不要回答或反驳，请你立刻叫你的父母、老师或者你周围其他大人来帮助你。如果你还是一名小学生，请不要玩网上 QICQ 和进入成人的聊天室。

第三，不告诉网上的人关于你自己和家里的事情。由于网上遇见的人都是陌生人，所以你千万不可以随便把家里的地址、电话、你的学校和班级、家庭经济状况等个人信息告诉你在网上结识的人，除非经过爸爸妈妈的同意。如果你已经给出这些信息，那么现在立刻告诉你的父母，让他们知道。

第四，不与在网上结识的人约见。尤其是当你单独在家时，不要允许网上认识的朋友来访问你。如果你认为非常有必要见面的话，一定要告诉家中的大人并得到他们的允许，见面的地点一定要在公共场所，并且要父母或好朋友（年龄较大的朋友）陪同。

第五，不打开陌生的邮件。如果收到你并不认识的人发给你的电子邮件，或者让你感到奇怪、有不明附件的电子邮件，请不要打开，不要回信，也不要将附件打开储存下来。请你立即将它删除，因为它可能是计算机的病毒。

第六，保护你的密码。密码只属于你一个人，所以不要把自己在网络上使用的名称、密码（例如上网的密码和电子邮箱的密码）告诉网友。另外，请你知道，任何网站的网络管理员都不会打电话或发电子邮件来询问你的密码。不论别人用什么方式来问你的密码，你都不要告诉他。

第七，要有公德心。在公共场所、学校或家庭上网，不要改变计算机的设置，未征得别人同意，不要删除别人的文件，以免影响别人的工作和使用计算机。

第八，不浏览不健康的网站，切不可沉迷上网（或玩电子游戏）把它当作一种精神寄托。要经常与父母交流网上有趣的事情。让父母了解自己在网上的所见所闻。如果父母对计算机或互联网不太懂，也要让自己的可靠朋友了解，并能经常交流使用互联网的经验。

第九，在公共场所，比如学校机房，上网后要关闭浏览器。因为，有些你的个人信息会保留在计算机里，所以如果你在学校、商场等公共场所上网后，请你一定要在离开时把浏览器关上。

请同学们在每一次上网时，牢记并遵守这个上网指南，这样才能做到安全上网。

3. 上网健康小贴士

解决了安全问题，我们还要警惕经常上网会影响自己的身体健康。同学们，当你坐在电脑前驰骋网络时，你有没有想过，长期在电脑前，会使眼睛出现一些小问题呢？有时你觉得眼睛发酸，而且时不时感觉眼睛模糊，看东西不清楚，这就是眼睛过度疲劳引起的。电脑对眼睛的伤害，到现在还没有一个可以完全治疗的措施。但是，对于电脑伤害却是可以预防的。眼睛是心灵的窗户，怎么样让我们的心灵窗口保持明亮，那么赶快看看下面的小贴士：

（1）注意正确的姿势：操作电脑的坐姿应该正确舒适。正确的姿势是：电脑屏幕中心位置与操作者胸部处在同一水平线上，眼睛与屏幕的距离应在 40 ~ 50 厘米，最好使用可以调节高低的椅子。另外在操作过程中，应该经常眨眨眼睛或闭目休息一会儿，以调节和改善视力，预防视力减退。

（2）注意工作环境：电脑室内光线要适宜，不可过亮或过暗，避免光线直接照射在荧光屏上而产生反射而对眼镜产生的刺激。定期清除室内的粉尘及微生物，清理卫生时最好用湿布或湿拖把，对空气过滤器进行消毒处理合理调节风量，变换新鲜空气。

（3）注意劳逸结合：一般来说，持续操作电脑 1 小时后应该休息 10 分钟左右，并且最好到操作室外活动活动手脚与躯干等，进行积极的休息，可以缓解由于操作电脑引起的颈椎疼痛和腰痛。

（4）注意保护视力：欲保护好视力，除了定时休息、注意补充含维生素 A 丰富的食物之外，最好经常远眺，经常做眼睛保健操，保证充足的睡眠时间。

（5）注意保持皮肤清洁：应经常保持脸部和手的皮肤清洁。因为电脑荧光屏表面存在着大量静电，其集聚的灰尘可转射到脸部和手的皮肤裸露处，时间久了，易发生难看的斑疹、色素沉着，严重者甚至会引起皮肤病变等。

长时间上网，会遗忘正常用餐时间，长此以往，会造成对肠胃功能的损害，所以同学们还要注意，不要一边操作电脑一边吃东西，也不宜在操作室内就餐，否则容易造成消化不良或胃炎。另外，上网对电脑键盘的接触较多，工作完毕应洗手以防传染病。还要多食用含有茶多酚等活性物质，可以吸收与抵抗放射性物质的作用。

后　　记

本书在编写过程中，查阅了大量的文献、资料和书籍，包括新闻、网络和报刊等载体。图片主要来自互联网和部分书籍，并进行了一定的编辑与处理。在广泛听取众多专家、学者的意见和建议的基础上，适当地吸收了当前关于网络运用与研究的最新成果，并进行了有益的借鉴与参考。

本书能够顺利出版，需要感谢张永峰、都万华抽出宝贵的时间进行文字的录入与图片的部分编辑工作，更要感谢王利群博士的帮助和指导。

由于时间仓促，本书难免会存在不足，恳请广大读者批评指正。